أساسيات
الجغرافيا الطبيعية

أساسيات
الجغرافيا الطبيعية

الدكتور

علاء داوود المختار

الدكتور

حسين مجاهد مسعود

الطبعة الأولى
1432هـ-2011م

المملكة الأردنية الهاشمية
رقم الإيداع لدى دائرة المكتبة الوطنية
(2011/1/53)

910.02

المختار، علاء داود

أساسيات الجغرافيا الطبيعية/علاء داود المختار، حسين مجاهد مسعود.- عمان: دار زهران

للنشر والتوزيع، 2011.

( ) ص.

ر.أ. : (2011/1/53)

الواصفات: / الجغرافيا الطبيعية//الجيولوجيا/

أعدت دائرة المكتبة الوطنية بيانات الفهرسة والتصنيف الأولية.

يتحمل المؤلف كامل المسؤولية القانونية عن محتوى مصنفه ولا يعبر هذا المصنف عن رأى دائرة المكتبة الوطنية أو أى جهة حكومية أخرى.

المتخصصون في الكتاب الجامعي الأكاديمي العربي والأجنبي

دار زهران للنشر والتوزيع

تلفاكس : 5331289 - 6 - 962+، ص.ب 1170 عمان 11941 الأردن

E-mail : Zahran.publishers@gmail.com

www.darzahran.net

بسم الله الرحمن الرحيم

الحمد لله رب العالمين خالق السماوات والأرض الذي منحنا العون على إنهاء هذا الكتاب المنهجي لطلبة الجغرافيا والآثار والتاريخ والتكنولوجيا/ في كليات الآداب والعلوم متمنياً أن نكون قد وفقنا بجهدنا المتواضع في عرض أساسيات مفاهيم الجغرافيا الطبيعية، وبما يتلاءم وطبيعة مفردات المنهج الدراسي المقررة لهذه المادة، وليكون عوناً لأبنائنا الطلبة في دراسة هذا الموضوع والإلمام به.

يأتي هذا الكتاب ليضيف لبنة متواضعة لهذا العلم الواسع والذي سبقنا الكثير من الأساتذة الأفاضل في الكتابة في هذا الموضوع. ولا شك أن الجغرافيا الطبيعية بمواضيعها المختلفة تعتبر الأساس الذي لا يمكن أن يتكامل بدونها أي صرح جغرافي مهما كانت أهدافه، وحيث أن الجغرافيا البشرية بمختلف فروعها تهتم بالإنسان ونشاطاته فإنها لا يمكن أن يكتمل هدفها بدون الأساس المتين من الجغرافيا الطبيعية.

وبهذه المناسبة لا يسعنا إلا أن نقدم جزيل شكرنا وتقديرنا إلى كل من ساهم في دعمنا وتشجيعنا على إنجاز هذا العمل ..وإلى كل من ساعدنا بشكل أو بآخر.

و الله أسأل أن نكون قد وفقنا للوصول إلى الهدف المنشود إنه هو السميع العليم.

الدكتور/ علاء داوود عبد الخالق المختار

الدكتور/ حسين مجاهد مسعود

المقدمة:

الجغرافيا بمفهومها الحديث هي العلم الذي يبني علاقة البيئة بالإنسان من خلال التفاعل والتأثير بين ضوابط البيئة الطبيعية والعوامل البشرية، فلعلم الجغرافيا: جانب طبيعي، وجانب بشري.

وتعنى الجغرافيا الطبيعية بمختلف فروعها بدراسة الظواهر الطبيعية التي لا دخل للإنسان في وجودها، فهى تدرس الأرض باعتبارها كواكباً من كواكب المجموعة الشمسية، وتبحث في الظواهر المختلفة لغلاف الأرض الصخري والجوي، وتلتزم الجغرافيا الطبيعية بالفكر الجيولوجي الحديث باعتبار أن الأرض في تغير مستمر، وقد بدأ هذا التغير والتطور منذ نشأة قشرة الأرض الصلبة، ومنذ ظهور الحياة على سطحها كنتيجة للعمليات الطبيعية التى ما تزال دائبة مستمرة حتى عصرنا الحالي.

الفصل الأول

الكون

الفصل الأول

الكون

المبحث الأول : الأجرام السماوية والمجموعة الشمسية:

قبل الدخول في دراسة الأرض، وهي جزي من الكون، ولها أهمية في علم الجغرافيا، يتوجب علينا الاهتمام بدراسة المجموعة الشمسية التي تعد الأرض جزءاً صغيراً جداً منها، وكذلك الإلمام بموقع الأرض بين الأجرام السماوية من كواكب ونجوم، والتي يصعب تحديد عددها وأحجامها وطباعها على الرغم من الاستكشافات التي يقوم بها الإنسان للفضاء لمعرفة أسراره، والتي ما زالت خافية على العقل البشري، مثل اتساع الكون وحدوده وعدد أجرامه. وقد قامت العديد من المحاولات الرياضية لمعرفة قطر العالم والذي قدر بـ 13 بليون سنة ضوئية حوالي (701) مليون ميل حسب معادلة هويل (**Hubls Low**)، وكان الاعتقاد السائد قديماً أن الأرض هي مركز الكون، وأن الأجرام السماوية من كواكب ونجوم وغيرها والتي تقع الشمس من ضمنها، كلها عبارة عن توابع للأرض، وبتقدم العلوم عامة وعلم الفلك خاصة، وكذلك وسائل الرصد الحديثة والأقمار الصناعية، اتضح خطأ هذا المعتقد حيث إن الأرض أو الشمس لم يكونا مركزي الكون، بل هما جزء من مجموعة كبيرة من النجوم السابحة في الفضاء ضمن نجوم مجرة درب التبانة، إضافة إلى مجموعات المجرات الأخرى الواقعة خلف مجرتنا المعروفة حالياً. وقد سميت بـ (درب التبانة)، نسبة إلى تشابهها الكبير بالطريق الذي يسلكه تجار التبن وحمالوه.

المجرة:

لقد دلت الدراسات الفلكية على أن نظامنا الشمسي يتبع المجرة التي تعد واحدة من عدد كبير من المجرات، والتي يشغل كل منها نطاقاً عظيماً من الكون، وتضم هذه المجرة أعداداً كبيرة جداً لا يمكن حصرها من النجوم والأقمار والمذنبات والسدم وغيرها. ويمكن مشاهدة المجرة في أي مكان على سطح الأرض، حيث تظهر في السماء بشكل نطاق ضخم في الضوء الخافت، والذي يمتد عبر السماء كلها، هذا الضوء الخافت هو عبارة عن ملايين من الأجرام السماوية المضيئة المتلاصقة أو القريبة جداً بعضها من بعضها الآخر، على الرغم من المسافات الشاسعة التي تفصلها عن بعضها، وسبب ضخامة هذه المسافات التي تفصل إجرام المجرة بعضها عن بعضها الآخر، هو صعوبة حسابها بواسطة وحدات القياس العادية، ولذلك فقد استخدمت في حسابها وحدة خاصة هي السنة الضوئية (وهي عبارة عن المسافة التي يقطعها الضوء في سنة كاملة – وسرعة الضوء هي حوالي (300) ألف كيلومتر في الثانية). إلى جانب ذلك تستخدم وحدة أصغر منها، وهي الوحدة الفلكية لقياس المسافات بين أفراد المجموعة الشمسية، والوحدة الفلكية عبارة عن متوسط المسافة بين الأرض والشمس، والتي تقدر بحوالي (149) مليون كيلومتر.

النجوم:

عبارة عن أجرام سماوية كبيرة الحجم، ولكنها متباينة فيما بينها في الحجم والطاقة الإشعاعية فبعضها صغير بحيث لا يزيد حجمه حجم الكواكب الكبيرة. وبعضها الآخر شديد الضخامة، وعموماً فإن جميع هذه الكواكب

متكونة من مواد ملتهبة ذات طاقة إشعاعية كبيرة جداً تختلف من نجم لآخر، وتؤثر هذه الطاقة بدرجة كبيرة على شدة لمعانها في السماء، كذلك تتأثر ببعدها عن الأرض. ولقد دلت الدراسات الفلكية على أن أكثر النجوم لمعاناً في السماء عدا الشمس، هو النجم المسمى (الشعري اليمانية) والذي يبعد عن الأرض حوالي (8.65) سنة ضوئية، علماً بأن هناك عدداً من النجوم أقرب إلى الأرض من الشعري اليمانية، ولكنها أقل لمعاناً ووضوحاً منها. إن عدد نجوم مجرتنا لا زال مبهماً حتى الآن، وكذلك عند نجوم السماء كلها، ولقد قدر الفلكيون عدد نجوم هذه المجرة بنحو (300) مليون نجم. وقد تتواجد النجوم أحياناً بشكل منفرد، أو غالباً ما تكون متجمعة على شكل مجموعات تعرف بالكواكب، ويتبع كل نجم من النجوم عدد من الكواكب والأقمار.

الشمس:

وهي عبارة عن كرة من المواد الملتهبة ذات الطاقة الإشعاعية العالية جداً، والتي تقدر بحوالي (170) ألف حصان، تشع في كل متر مربع من سطحها، وتكون هذه الطاقة منطلقة في جميع الاتجاهات وبشكل إشعاعات مختلفة، فبعضها مرئي وهي الأشعة الضوئية، وبعضها الآخر غير مرئي وهي الأشعة الحرارية، وبذلك تعد الشمس مصدر الضوء والحرارة للمجموعة الشمسية المعتمة، حيث تصلها على شكل موجات متباينة الأطوال، وبمقادير تتناسب مع بعد الشمس عن كواكبها السيارة وأقمارها، ويقدر بأن الطاقة الحرارية للشمس تتراوح بين (6000 - 7000) درجة مئوية، وتطلق على سطحها ما يشبه الألسنة والنافورات الملتهبة ذات الأشكال المتباينة تعرف بالنتوءات، وقد يكون

لهيب بعض هـذه النتـوءات في الفضاء طويلاً جـداً، وقد يصل إلى عشرات الآلاف مـن الكيلومترات.

ومن المعلوم أن الشمس عبارة عن جسم غازي كروي، تستأثر وحـدها بنحـو (99.87%) كم من الحجم الكلي للمجموعة الشمسية، وأن حجم الشمس يبلـغ حـوالي (1.3) مليـون مـرة حجم الكرة الأرضية، أما قطرها فيبلغ (110) ضعف قطـر الأرض أي حـوالي (864000) ميـل، وكثافتها حوالي (4/1) كثافة الأرض، لذا فإن قوة جاذبيتها حـوالي (28) ضعفاً لجاذبيـة الأرض، وهذه تفسر قوة جاذبيتها التي تتحكم بها في حركة الكواكب التي تتبعها. وقد لـوحظ مـن خلال الدراسات الفضائية أن هناك بعض المواقع ذات المساحات الصغيرة مـن سطح الشمس تسمى البقع الشمسية (Sun Spots)،تقل فيها الحرارة وإشعاعاتها بشكل واضح، مقارنـة بالمناطق المحيطة بهذه المساحات، وليس من المعروف تماماً السبب في تواجد هـذه البقـع، ولكن يعتقد بأنها عبارة عن كتل غازية تتكون أحياناً في محيط الشمس، وتدور حـول نفسها بسرعة فائقة، علماً بـأن قسـماً منها ذات أحجـام كبيرة، يمكن مشاهدته مـن الأرض بالعين المجردة، أو بواسطة المنظار الملون أو خلال السحب الرقيقة.

ولقد اتفق الباحثون على أن البقع الشمسية هي عبارة عن الانفجـارات التي تحـدث في النطاق المحيط بنواة الشمس، والذي يسمى بالفوتوسفير (Photosphere) والمتكون مـن غـاز الهيدروجين وبعض المعادن في الحالة الفلزية، ويلـي هـذه النطاق غـلاف يسمى كروموسفير (Chromosphere)، ويتجمع حوله غلاف أصغر يسمى الإكليل أو تـاج الشمس (Crown)، تصل آثار حدوث البقع الشمسية هذه إلى سطح الأرض وتبلغ أقصاها كل (11)

سنة تقريباً، وينعكس ذلك على حدوث بعض الظواهر الطبيعية والمناخية، مثل الجفاف والاضطراب في مغناطيسية الأرض.

وبصورة عامة يمكن تلخيص بعض الصفات الفيزياوية للشمس كالآتي:

- معدل بعد الشمس عن الأرض (149.598.000 كم).

- أبعد نقطة للشمس عن الأرض (152.086.000 كم).

- أقرب نقطة للشمس عن الأرض (147.097.000 كم)

- زمن وصول ضوء الشمس للأرض (8.25 دقيقة).

- قطر الشمس (1.391.000 كم).

- كتلة الشمس (1.99 × 10^{33} غرام) (حوالي 337 ألف مرة أكبر من كتلة الأرض).

- معدل كثافة الشمس (1.41 غم/سم^3).

- معدل جاذبية الشمس (24) مرة أكبر من جاذبية الأرض.

الكواكب السيارة:

يعد المشتري أحد أهم وأكبر الكواكب السيارة الواقعة ضمن النظام الشمسي، حيث يبلغ حجمه ضعف حجم باقي الكواكب، والبالغ عددها تسعة بما فيها الأرض. ويتبعه أكثر من (41) قمراً، وتدور الكواكب حول الشمس من الغرب إلى الشرق في مدارات بيضاوية، وهي غير ملتهبة وغير مضيئة إضاءة ذاتية، وإنما تعكس الأشعة التي تسقط عليها فتبدو لامعة في السماء.

ويعد كوكب بلوتو أبعد الكواكب عن الشمس، أما أقربها إليها فهو عطارد والذي هو أصغر حجماً. وبصورة عامة يمكن تقسيم الكواكب السيارة حسب بعدها عن الشمس إلى مجموعتين هما:

(1) مجموعة الكواكب الصغيرة (أو الداخلية):

هي الكواكب الأقرب موقعاً إلى الشمس، وتشمل: عطارد، والزهرة، والأرض، والمريخ، وتتكون من مواد صخرية متشابهة، وهذا يرجع إلى التشابه الكبير فيما بينها في الحجم والكثافة، وهي أعلى كثافة من الكواكب الكبرى.

(2) مجموعة الكواكب الكبرى (أو الخارجية):

تشمل هذه المجموعة الكواكب الأبعد عن الشمس، وهي: المشتري، وزحل وأورانوس، ونبتون، وبلوتو. (شكل 1- أ، ب).

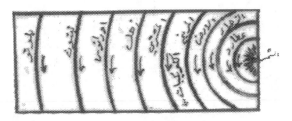

شكل (1-أ) دوران الكواكب حول الشمس

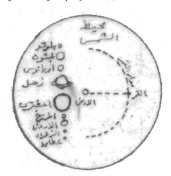

شكل (1-ب) النسبة بين الشمس وكواكبها

وقد دلت الدراسات الفلكية على أن هناك تجمعاً لعدد كبير من الكويكبات في منطقة واحدة، تتوسط المسافة بين مجموعتي الكواكب الصغرى والكبرى (بين فلكي المريخ والمشتري).إن الكواكب والكويكبات تدور حول الشمس في أفلاك بيضاوية الشكل تقريباً، وفي نفس المستوى الذي تدور فيه الشمس دورانها الظاهري بالنسبة إلى الأرض، وكذلك هو نفسه مستوى فلك الأرض.

القمر:

يحتل القمر مكانة خاصة واهتماماً متميزاً من قبل الشعوب والحياة البشرية بصورة عامة، وخاصة فيما يتعلق بأفكار الإنسان ومخيلته، وكانت دراسته تتم سابقاً عن طريق الرصد البعيد، وفي عصر الفضاء الحالي الذي تمكن الإنسان فيه من الوصول إلى سطح القمر ودراسته علمياً، وقد تم الحصول على مزيد في المعلومات وجمع الكثير من العينات الترابية والصخرية وكذلك التقاط أحدث الصور ودراستها وتفسيرها من أجل إلقاء المزيد من الضوء على طبيعة القمر وخصائصه، وبالنتيجة الحصول على معلومات تفصيلية دقيقة. ويعد القمر أحد توابع الأرض، كما يعتقد بعض العلماء أنه كوكب قائم بذاته وليس مجرد تابع لها. وهو على كل حال أصغر من الأرض حجماً حيث إنه يعادل حوالي (50/1) من حجم الأرض، ويبلغ طول قطره حوالي (391.000) كيلو متر أي حوالي ربع قطر الكرة الأرضية. ومتوسط بعده عنها حوالي (263.600) كيلومتر. ومتوسط كثافته (3.34) وهو أقل من متوسط كثافة الأرض، ولذلك فإن كتلة الأرض تزيد (81) مرة أكثر من كتلة القمر، كما أن الجاذبية للقمر أقل بكثير من الجاذبية للأرض وتعادل (6/1) من جاذبية

الأرض، وهذا يعطي تفسير قلة الوزن وإمكانية القفز عليه بسهولة من قبل رواد الفضاء، ونظراً لكون القمر تابعاً للأرض فإنه يدور معها حول الشمس، وكذلك يدور حول نفسه، وحركته هذه تشبه حركة الأرض أي من الشرق إلى الغرب، والفترة التي يستغرقها من بدر إلى بدر والتي يطلق عليها اسم الشهر القمري تبلغ (29) يوماً و (12) ساعة و (44) دقيقة.

وحين النظر إلى القمر بالعين المجردة، فإنه يظهر دائماً ذا وجه واحد، وهذا الوجه يحتوي على بقع داكنة وأخرى فاتحة اللون، وتتمثل هذه ثلاثة أشكال رئيسة للتضاريس، هي: البحار، والجبال، والفوهات أو الفجوات، وتتمثل البحار بالسطح ذات الأجزاء الرمادية الداكنة، وهي عبارة عن مسطحات كبيرة مغطاة بطبقة من اللافا البازلتية والرماد البركاني الناعم، وتغطي كثيراً من هذه المسطحات تربة هشة ناعمة متكونة من الرماد البركاني، ومن فتات الصخور، ويكون سمك هذه التربة مختلف من موقع إلى آخر، فقد يصل أحياناً إلى بضعة أمتار، وقد أطلق على البحار هذه أسماء خاصة، مثل البحر الهادئ، وبحر الأمطار وغيرها، على الرغم من عدم وجود المياه فيها.

أما البقع ذات اللون الفاتح فهي عبارة عن مناطق مرتفعة تفصل البحار عن بعضها الآخر، ويمتد بعض هذه المرتفعات بشكل سلاسل جبلية طويلة، وبعضها الآخر يكون على شكل قمم بركانية منعزلة، يبلغ ارتفاع بعضها عن البحار التي تجاورها أكثر من (6000) متر، وقد أعطيت لهذه الجبال أسماء تشبه أسماء السلاسل والقمم الجبلية الموجودة على سطح الأرض، مثل جبال الألب وغيرها.

أما الفوهات أو الفجوات فتظهر للعيان على شكل نقاط على سطح القمر، وهي عبارة عن فوهات بركانية أو فجوات نتجت عن ارتطام النيازك والشهب بسطح القمر، ويقدر عدد هذه الفوهات بمئات الآلاف، وهي ذات حجوم متباينة، فمنها الصغيرة، ومنها الكبيرة الحجم، وقد يصل قطرها إلى بضع عشرات من الكيلومترات، ومثل هذه الفوهات يمكن مشاهدتها وتصويرها من الأرض بالاستعانة بالمنظار المقرب.

ولما كان لدوران القمر حول الأرض ودورانهما معاً حول الشمس من أهمية كبيرة، فإنها يؤثران في حدوث بعض الظواهر الطبيعية، منها خسوف القمر وكسوف الشمس، وقد دلت الدراسـات عــــــلى أن كســــــوف الشـــــمس

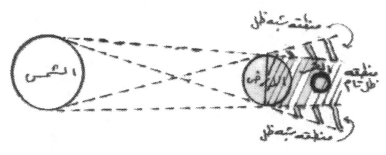

شكل (2) خسوف القمر

يحدث عندما يقع القمر بين الشمس والأرض، بحيث يسقط ظله على الأرض، وهذه الظاهرة تحدث أول الشهر وعندما يكون القمر هلالاً، وهذا لا يعني أن هذه الظاهرة تحدث في أوائل كل شهر، وذلك بسبب ميل فلك القمر على مستوى الأرض، وقد يكون الكسوف كلياً إذا حجب ظل القمر قرص الشمس كله، أو جزئياً إذا حجب جزءاً منه، وقد يحدث الكسوف الحلقي عند

عدم وصول امتداد مخروط ظل القمر إلى الأرض، فإن قرص الشمس يبدو وحوله حلقة دائرية مضيئة.

أما خسوف القمر، فيحدث في بعض الأوقات حيث تقع الأرض ما بين الشمس والقمر بحيث يقع ظلها على القمر، فعندئذ يحدث الخسوف ويظهر الجزء الواقع في الظل من القمر معتماً. ويمكن اعتبار الخسوف ظاهرة تعتيم القمر أو جزء منه نتيجة لحجب ضوء الشمس بواسطة الأرض الواقعة بينهما. وقد يحدث أن يقع القمر كله في ظل الأرض ويكون بذلك الخسوف كلياً، أما إذا وقع جزء من القمر في ظل الأرض فإن الخسوف يكون جزئياً، ومن الجدير بالذكر أن الخسوف لا يحدث إلا إذا كان القمر بدراً، وهذا لا يعني أن الخسوف يحدث مع كل بدر، وذلك لأن فلك القمر لا يقع في نفس مستوى فلك الأرض وإنما يميل بمقدار (5) درجات.

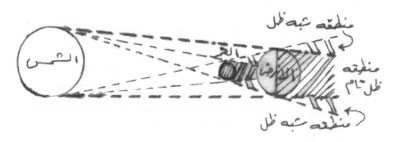

شكل (2) خسوف الشمس

الكويكبات:

هي عبارة عن جزر صخرية صغيرة، ويقدر عندها بحوالي (30.000)، وتسبح هذه الكويكبات في مدار يمتد بين المشتري والمريخ، وتتراوح أحجامها بين الكبيرة جداً، مثل كويكب سيرز (طوله ما يقرب من (476) كم)، وكويكب إيكاروس (طوله ما يقرب من 1.6 كم) فضلاً عن الملايين من

القطع الصغيرة السابحة في الفضاء، وقد أمكن رصد حـوالي (16009) جـرم في تجمعـات هـذه الكويكبات أحد الآن، والتي تدور حول الشمس من الغرب إلى الشرق وبشكل عام، فإن كوكب المشتري يتحكم بحركة هذه الكويكبات لكبر حجمه.

الشهب والنيازك:

هي عبارة عن أجسام كونية تظهر في فضاء المجموعة الشمسية فجأة، فتتوهج ثـم تنطفئ عند ارتدادها عنه، وإذا صادف واقتربت من الأرض فإنها تجذبها وتحولها مـن مـدارها إلى نطاق جاذبيتها حتى تنصدم بها، وبشكل عام تعد الشهب أصغر حجمـاً مـن النيازك وقد تصل سرعتها إلى ما يقرب من (70كم/ثا) وهذا ما يؤدي إلى سخونتها وبالتـالي توهجهـا وعـدم وصولها إلى الأرض، أما تلك التي تصل إلى الأرض فهي النيـازك، وهـي بأحجـام صـغيرة وكبـيرة وبأعداد كبيرة، وذات أوزان قد تصل إلى عدد من الأطنان، وقد تـرتطم هـذه النيازك بالأرض بقوة هائلة (إذا كانت كبيرة)، ما يؤدي ذلك إلى حدوث حفر على سـطح الأرض يطلـق عليهـا اسم (جراح النجوم). وقد أمكن لحد الآن حصر أكثر من (14) حفرة كبيرة أحدثتها النيازك على سطح الأرض، ومن أمثلتها النيزك الذي سقط على محافظة التأميم في العراق عام (1977).

المذنبات:

هي عبارة عن تجمعات غازيـة (نشـادر وميثـان) ومتجمـدة علـى مـواد خشـنة (في الحالة الصلبة)، ويبلغ قطر المذنب الواحد عدة كيلومترات، علمـاً بأنه ليس لـه ذيـل طالمـا هـو موجود في الفضاء الخارجي، ولكن عندما يقترب من

الشمس، فإن حرارتها تقوم بتبخير طبقاته الخارجية فيتكون رأسه المتضخم، حيث تدفع الشمس جزءاً من مادته (النشادر وميثان)، فيتكون الذيل المتوهج في اتجاه الفضاء الخارجي، والذي يصل امتداده إلى ملايين الآلاف من الكيلومترات.

وعموماً يتكرر ظهور المذنبات حول الشمس بشكل منتظم تقريباً، وقد دلت الدراسات على أن أقرب مذنب سجل في التاريخ هو مذنب هالي، والذي يتكرر ظهوره في كل (76.3) سنة، وآخر مرة ظهر فيها عام (1987). وهناك عدد آخر من المذنبات منها بييلا، وأنك، وبونس فليكس، وجياكوبيبيني، وفستغال ... وغيرها.

المبحث الثاني : أصل الأرض ونشأتها:

لقد اختلف العلماء والمفكرون في الوصول إلى أسلم الطرق وأصحها لإعطاء التفسير العلمي والمنطقي لتاريخ نشوء الكون، وعد الخوض في مثل هذه الأمور من أعقد المواضيع وأصعبها. وعلى الرغم من التقدم العلمي والتقني الحديث، وكثرة ما طرح للكتابة في هذه المواضيع خلال القرون الثلاثة الأخيرة ولحد يومنا الحاضر فلا زالت وسوف تبقى دائماً بعض الأمور التي لم يستطع العلماء إيجاد التفسير الصحيح لها، خاصة فيما يتعلق بتاريخ وكيفية نشأة الأرض، وكان هناك الكثير من الآراء والنظريات التي حاولت الوصول إلى تفسير علمي معقول ومقبول لكيفية نشوء نظام الشمس بصورة عامة، وكوكب الأرض بشكل خاص، وعلى الرغم من أن بعض هذه النظريات قد اعتمدت على بعض الحقائق العلمية، إلا أن كل النظريات قد عجزت عن إعطاء التفسير النهائي والمقنع لكافة المظاهر الموجودة حالياً، والتي سبق

وجودها على سطح كوكبنا الأرض، وكيفية تكونها خلال الآلاف والملايين السنين الماضية. ونحن سوف نبقى بانتظار ما ستسفر عنه نتائج البحوث الحديثة التي تستعمل أحدث ما توصل إليه العقل البشري، من تقنيات الحاسوب الآلي، والأقمار الصناعية التي تجوب الفضاء، وتحاول تفسير خفاياه، وكذلك التقاط الصور الفضائية من الارتفاعات المختلفة لمعرفة أسرار كوكبنا الذي نعيش عليه.

وفيما يأتي ندرج ملخص مضمون أهم النظريات وأشهرها، الخاصة بنشأة الأرض.

نظريات نشأة الأرض:

1.نظرية الفيلسوف الألماني إمانويل كانت (Imaneuel Kant) :

تعد نظرية إمانويل كانت من أقدم النظريات، حيث ظهرت للوجود عام (1755)، وكانت تبحث في نشأة المجموعة الشمسية وتأثير الجاذبية عليها، وقد يفسر ـ هذا تأثر هذا العالم بقوانين نيوتن.

تعتمد فكرة نظرية (كانت) على أن الشمس تقع في مركز الكون (وقد أطلق عليها اسم الشمس المركزية)، وأن هذا الكون يتكون من عدد كبير من الجزيئات الصلبة والتي كانت تسبح في الفضاء في فترة سادت فيها الاضطرابات الكونية، وكانت هذه الجزيئات في حركة مستمرة ما نتج عن ذلك كثرة تصادمها وارتفاع درجة حرارتها، نتيجة الاحتكاك المستمر ببعضها، وبالنتيجة تحولت إلى كتلة ملتهبة على هيئة سحب من الغبار الكوني، ثم أخذت هذه

الكتلة تنكمش ويصغر حجمها بقوة الجاذبية، وبنفس الوقت بدأت تأخذ حركة دورانية حول نفسها.

ونتيجة لاستمرار الحركة الدورانية وصغر الحجم، فإن أجزاء منها قد انفصلت بعيداً عـن الكتلة الأصلية، وتوزعت حول هذه الكتلة، وبدأت بالدوران حول نفسها ما أدى إلى انـدماجها وتكورها مكونة النظام الشمسي، وهذا يعني أن الكواكب والأرض عبارة عن شموس برد قسم منها (كالأرض) والقسم الآخر آخذ بالبرودة.

هذه النظرية واجهت انتقادات كبيرة من أهمها عـدم تطابقها مـع الواقـع الـذي يـؤمن بالبطء الشديد في حركة دوران الشمس حول نفسها.

2. نظرية العلم العام الفرنسي لابلاس (Laplase) :

لقد جاءت نظرية (لابلاس) بعد نظرية (كانت) في عـام (1796)، وقـد حاولـت معالجـة بعض النواقص التي ظهرت فيها نظرية (كانت)، وكذلك محاولـة تطويرهـا. وقـد افترض هـذا العالم أن المادة الأزلية الأولى هـي عبارة عن سديم ملتهب منـذ البدايـة تـم تعرضـه للبرودة، وهذا يختلف عن نظرية (كانت) التي ادعـت أن هـذه المـادة في البدايـة كانـت عبارة عـن جزيئات صلبة باردة تحولت على سديم ملتهب. والسـديم هـو عبارة جسـم غـازي يمتد في الفضاء في المنطقة الواقعة داخل مدار نبتون ويتحرك ببطء وفي حيز داخل هذا المدار.

إن مادة السديم الملتهبة كانت تدور حول نفسها، وحين بردت نشأت قوة طـرد مركزيـة دفعت الأجزاء التي بردت إلى الخارج، فانفصلت وتكونت الكواكب التي اسـتقرت في مواضـع انفصالها من السديم، واستمرت في الدوران حوله، وهـذه انفصلـت عنهـا أقمارهـا. إن نظريـة لابلاس هذه أيدت النظرية

الأولى لـ (كانت) فيما يخص التفسير الخاطئ لبطئ الحركة الدورانية للشمس حول نفسها، وحسب رأي كانت، ولابلاس فإن كتلة الغاز الأصلية بردت وأخذت تنكمش فصغر حجمها وزادت سرعة دوران الكتلة التي بقيت بعد انفصال الكواكب بدرجة كبيرة وهذا مخالف للواقع.

وقد خالف بعض العلماء هذه النظرية، ومنهم العالمان البريطانيان (جيمس كلارك ماكسويل) وسير جيمس جينز، حيث اعترضا على أن كتلة الغازات لم تكن من الكفاية بحيث تؤدي إلى التجاذب والتكاثف الذي يكون الكوكب.

3. نظرية ويبل Whipple (نظرية سحابة الغبار):

نظرية ويبل هي إحدى النظريات الحديثة في تفسير نشأة المجموعة الشمسية، وقد اقترحت من قبل العالم الأمريكي (ويبل) في عام (1918)، وهي امتداد لنظرية الجزيئات الكونية لكانت ونظرية السديم للابلاس، ولكنها تختلف عنهما بأنها مدعمة ببعض النتائج في البحث العلمي الذي لم يكن قد توفر في النظريتين السابقتين. وحقيقة هذه النظرية العلمية هي أن الفضاء الكوني ليس فارغاً تماماً، ولكنه يحتوي على كميات من دقائق الغبار ذات الحجم المجهري، مبعثرة في الفضاء وعلى مسافات متباعدة جداً، ويبدو الفراغ فيها كأنه فارغ تماماً، وللضخامة الكبيرة لهذا الفضاء فإن جزيئات الغبار المبعثرة فيه تكفي لبناء ملايين النجوم.

عندما تجمع جزيئات الغبار الكوني ببطء شديد (حين توافر الظروف الملائمة لها) فإنه قد تتكون منها في البداية سحب صغيرة، تنمو هذه السحب وتزداد سرعة تجمع الغبار حولها، وعند عدم تعرض غبارها للتشتت فإن هذه

السحب تستمر في النمو ويتزايد حجمها، كما تتزايد في نفس الوقت درجة كثافتها وجاذبيتها حتى تصل إلى درجة تكون مستقرة، لا يمكنها أن تتأثر بشدة الضوء التي قد تشتتها عندما كانت السحب ذات حجم صغير.

وترى هذه النظرية أن السحابة التي نمت وكبر حجمها وزادت كثافتها وجاذبيتها تكون كافية لبناء نجم كبير في حجم الشمس، وعند ذلك يبدأ ترسيب غبار السحابة نحو مركزها بقوة جاذبيتها، وتكون عملية الترسيب هذه بطيئة في البداية، ثم تزداد تدريجياً كلما انكمشت السحابة واندمجت جزيئاتها، وهذا الاندماج يؤدي إلى تزايد مستمر في درجة حرارتها، وبمرور ملايين السنين فإن هذه السحابة ستتحول إلى نجم ملتهب. وقد اعتقد العلماء بأن الشمس قد تكونت بهذه الطريقة، علماً بأن الشمس قد حافظت على حرارتها نتيجة للتفاعلات الذرية القوية التي تولدت في باطنها، بسبب حرارتها الشديدة جداً، وقد فسرت نظرية (ويبل) دوران الشمس البطيء حول نفسها، حيث بدأ هنا الدوران في المراحل النهائية لتكوين الشمس نتيجة للتيارات الرئيسية المتجهة نحو مركزها.

وترى هذه النظرية أيضاً أن الكواكب السيارة قد نشأت من نفس سحابة الغبار التي نشأت منها الشمس، وذلك في المراحل الأولى لعمليات الترسيب، حيث انسلخت من هذه السحابة الكبيرة سحابة صغيرة، وكل سحابة من هذه السحابات أخذت تنمو باجتذاب غبار جديد إليها، كما أنها بدأت تكتسب حركة دورانية حول نفسها وحول مركز السحابة الكبرى. وقد خرجت هذه النظرية باعتقاد، هو: إن العمليات التي نتج عنها تكوين المجموعة الشمسية ما زالت مستمرة حتى يومنا الحاضر لتكوين نظم نجمية جديدة في الكون.

4. نظرية الكويكبات لتشبرلن ومولتون:

يعتقد العالمان الأمريكيان تشبرلن ومولتون أن المجموعة الشمسية كانت عبارة عن نجم واحد، وليس له توابع من الأقمار والكواكب، وهذا النجم هو الشمس، وعند اقتراب نجم آخر من الشمس وبسبب التمدد الشديد في جسمه المواجه للشمس نتيجة لحرارتها العالية جداً، فإنه يحدث تمزق أو تشقق في الجزء الممتد ينتج عنه تكوين الكويكبات.

وتعد هذه الكويكبات النواة التي تكونت منها المجموعة الشمسية، والأرض هي إحدى هذه المجموعة والتي تكونت من كتلة غازية صغيرة تجمعت فيها الأعداد الهائلة جداً من النوى الصغيرة الباردة والتي أدت بالأخرى إلى كبر حجمها. وقد واجهت هذه النظرية عدداً من الاعتراضات، أهمها أن الكواكب لا تزال غازية ولم تتصلب بعد، وأن حرارة الشمس الهائلة تؤدي إلى تناثر أجزاء هذه الكواكب وليس تكورها.

5. نظرية جيمس جينز (Jeans) وهارولد جيفريز (Jeffreys):

في الواقع تعد هذه تعديلاً أو معالجة النقص الموجود في نظرية الكويكبات، وقد ظهرت هذه النظرية في عام (1929) حيث افترضت أن الكواكب تكونت أيضاً نتيجة المد العظيم الذي نشأ في الغلاف الخارجي للشمس، والذي نتج عن اقتراب نجم متجول من الشمس، وكان انفصال هذا المد من الشمس على هيئة عمود من الغاز يشبه لسان طويل يعادل طوله المسافة بين كوكب بلوتو والشمس (لذلك سميت هذه النظرية بنظرية المد الغازي). وكان هذا اللسان سميكاً ويتناقص سمكه نحو الطرفين. وقد تعرض عمود الغاز إلى التقطع إلى عشرة أجزاء تكونت عنها الكواكب. وانفصلت من هذه الكواكب قبل

مكاثفتها كتل تكونت منها التوابع، وقد تحولت بعض الكواكب في المرحلة الغازية إلى السائلة ثم الصلبة، أما الأجزاء البعيدة عن الشمس فلا زالت في حالتها الغازية.

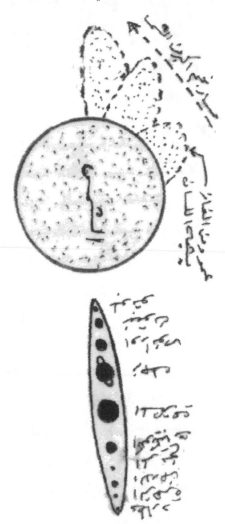

شكل (4) تكون وانفصال عمود الغاز من الشمس (يشبه اللسان)، وتوزيع الكواكب جسب أحجامها في هذا اللسان.

وقد انتقدت هذه النظرية كسابقاتها حيث عدت الشمس هـي الأم التي تولدت منهـا الكواكب، بسبب الفرق الكبير في محتوى العناصر بين الشمس والكواكب، وذلك لأن الشمس تحتوي على نسبة عاليـة مـن الهيـدروجين والهليـوم، ونسـبة قليلـة جـداً لا تزيـد عـن (1%) أكسجين، أما الأرض فتحتوي على نسبة قليلـة جـداً مـن الهيـدروجين والهليـوم والنيـون،وعلى نسبة عالية من الأكسجين، إضافة إلى نسبة عالية مـن العناصر النـادرة الموجودة في الشمس، مثل النيتروجين، والحديد، والكالسيوم، والسليكا، وبكلمة أخرى فإن الشمس مكون عموماً من عناصر غازية خفيفة، مثـل الهيـدروجين، والهليـوم في حـين تتركـب الأرض ومعظـم الكواكب الأخرى من مواد معدنية، مثل الحديد، والألمونيوم، والسليكا.

6. النظريات الحديثة في نشأة الأرض:

دلت الدراسات الحديثة للفضاء على أنه لم يكـن فارغـاً تمامـاً، بـل يحتـوي علـى غـازات (معظمها من الهيدروجين والهليوم) وتكون ما يقارب من (99%) من هـذا الفضاء يضـاف إلى ذلك (1%) في الغبار الكوني.

تفترض النظريـات الحديثة أن السـحب ومـا تحتويهـا مـن غبـار كانـت تـدور وبسبب الجاذبية وقوة هذا الدور أن أخذت هذه السـحب بالانبساط والـتفلطح، وكونت مـا يعرف بطليعة الشمس (Proto – Sun) أو الشـمس الأولى، والتـي تحطمـت بسـبب ارتفـاع درجـة الحرارة وزيادة الضغط.

ومن أهم مناصري هذه الافتراضـات الألماني (كارل فـون فيتـاكر)، الـذي اعتقـد أن الغبار الدقيق الذي كان موجوداً في الفضاء، قد تجمع ليكون الشمس والكواكب في مدة زمنية طويلة جداً قد تصل إلى مئة مليون عام.

أما العالم فيتزكير فقد أسند نظريته على نظرية (كانت)، حيث اعتقد أن أصل المجموعة الشمسية هو عبارة عن كتلة غازية هائلة متشابهة الخصائص الكيماوية،

وكانت تدور حول نفسها، وبعد برودة أطرافها الخارجية تكاثفت عناصرها الثقيلة بشكل قطرات، وقد اتحدت هذه القطرات لتكون الكواكب بمدى زمني طويل.

ومن النظريات الحديثة أيضاً نظرية (هويل) (النشأة الحديثة للنجوم)، حيث قام هويل بمحاولة معالجة الضعف في النظريات القديمة، حيث افترض أن أصل الكواكب كان نجماً يدور حول الشمس، ثم تعرض هذا النجم لانفجار كبير نتيجة لنفاذ الهيدروجين بسبب التفاعلات المختلفة، ما ينتج عنه تطاير حطامه في الفضاء تاركاً سحابة غازية تكونت عنها الكواكب.

وقد أطلق العالم على هذا النجم اسم (سوبرنوفا Super-Nova)، وتقدر حرارته بنحو (3000) مرة أكثر من حرارة الشمس وهذه الحرارة العالية كانت كفيلة بتحويل الهيدروجين إلى هليوم، والأخير إلى عناصر أخرى، مثل المغنيسيوم، والألمونيوم والسليكون، والحديد، والرصاص، واليورانيوم...وغيرها.

أما نظرية سحب الغبار التي وضعت من قبل هارولد يوري (حامل جائزة نوبل للعلوم)، فقد بنيت على النظريات القديمة وعلى مشاهدة الفلكيين الحديثة، وقد اعتقد يوري أن نشأة المجموعة الشمسية، مثل نشأة النجوم التوائمية التي تظهر في مجموعتنا النجمية، والتي نظم نجوماً مزدوجة، وعد الشمس والمشتري نجمين مزدوجين، ولقد عالجت هذه النظرية نواقص

النظريات السابقة، خاصة فيما يتعلق في أسباب الاختلافات في العناصر الكيماوية الموجودة في المجموعة الشمسية، والذي يفسره هروب أو نفاذ الغازات من الكواكب، ولقد اعتقد (يوري) أن سبب تبخر الغازات وهروبها من الأرض هو أن الأرض مرت بحالة السيولة، وعند اكتمال تشكيلها زادت قوة الجاذبية فيها بسبب فقدان الغازات.

عمر الكرة الأرضية:

بفضل الأساليب العلمية الحديثة، فقد تم التقليل من التعقيد في تحديد عمر الأرض وذلك باستعمال التحاليل العلمية، ومنها استخدام النظائر المشعة، مثل اليورانيوم في تحديد عمر أقدم صخور القشرة الأرضية ولو بصورة تقريبية. وبناءً على الأبحاث التي أجريت من قبل الجيولوجيين، فقد قدر عمر أقدم صخور القشرة الأرضية بحوالي ثلاثة آلاف مليون سنة، علماً بأن التطورات التي مرت بها الكرة الأرضية قبل أن تتكون هذه الصخور قد استغرقت بضعة ملايين أخرى من السنين.

وبناءً على ذلك تمكن العلماء من تخمين الفترة التي بدأت الكرة الأرضية بالتكوين منذ مراحلها الأولى وحتى الوقت الحاضر بحوالي (12) ألف مليون سنة. وقد دلت الأبحاث على أن بعض أقدم الصخور المكونة للقشرة الأرضية، هي نوع من الصخور الرسوبية، وقد يحتوي بعضها على ترسبات حصرية وعلى ظواهر أخرى تدل على أنها رواسب مائية، وهذا يفسر بشكل أو بآخر على مياه البحار التي كانت موجودة على سطح الأرض، ويدل ذلك أيضاً على أن البحار معاصرة لتكون أقدم الصخور.

ملامح الحياة على الأرض:

لم تبدأ الحياة على الأرض بتزامن مع تكون صخور القشرة الأرضية ومياه المحيطات، التي تواجدت بالفعل قبل حوالي ثلاثة آلاف مليون سنة (كما ذكر سابقاً)، بل بدأت ملامح الحياة بالظهور بعد ذلك بمئات الملايين من السنين، ولم يكن من السهل تحديد زمن ظهور هذه الحياة لأول مرة، وقد أظهرت الدراسات على الأدلة الحفرية التي تواجدت في الصخور القديمة، على أن الحياة قد ظهرت قبل أكثر من (500) مليون سنة، وكان ذلك على شكل كائنات بدائية غير متطورة جداً، ثم تطورت إلى حالة الكائنات الحية ذات الخلايا الأحادية وهي الأميبا، وعلى الرغم من أن الأخيرة تتكون من خلية واحدة وهي ليست بالتأكيد بداية الحياة، لأنها تعد كائنات متطورة جداً وغاية في التعقيد مقارنة مع الكائنات الأخرى. أما قبل ذلك فكانت هذه الكائنات عبارة عن فيروسات تطورت بمرور الزمن للتحول إلى أميبا. إن هذا التطور الكبير يشمل تواجد الكائنات الحيوانية التي تطورت لتصل إلى أعلى درجات الرقي المعروفة حالياً، أما بالنسبة للحياة النباتية على الأرض، فإنها قد تطورت بدرجة مشابهة لتطور الحياة الحيوانية خلال عشرات السنين إلى أن وصلت إلى ما يعرف بحياة الفطريات، والتي تعد أقدم الكائنات النباتية، والتي تطورت أيضاً لتصل إلى مرحلة الحياة النباتية الحالية. وبناءً على ما تقدم وبسبب عدم وجود أي حفريات تدل على وجود الحياة قبل ظهور الكائنات الممثلة بالأميبا والفطريات، فإن علماء الجيولوجيا قد وضعوا الستمائة مليون سنة الأخيرة في تاريخ الكرة الأرضية بأزمنة أو حقب أو دهور طويلة، وقد قسم العلماء كل زمن إلى عصور أقصر نسبياً، حيث يمثل كل منها مرحلة خاصة من مراحل

التطور التي مر بها سطح الأرض في أشكاله التضاريسية أو المظاهر المناخية والحيوية (جدول رقم 1).

جدول رقم (1) الأزمنة والعصور الجيولوجية

الأزمنة (الأحقاب) وتواريخ بدايتها	العصور والفترات	أشهر المظاهر الطبيعية والحيوية
الكاينوزوي **Cainozoic** (أو زمن الحياة الحديثة	الزمن الرابع **Quaternary** مليونين من السنين	هلوسين **Holocene** (حديث) ما بعد عصر الجليد بليستوسين **Pleistocene** عصر الجليد - الإنسان
(60 - 70) مليون سنة	الزمن الثالث **Terkiary** (60 – 70) مليون سنة	بليوسين **Pliocene** (الحركات – أقدم البشريات) ميوسين **Miocene** (الألبيه – القراءة العليا) أوليجوسين **Oligocene** (انتشار الحشائش) أيوسين **Iocene** (النباتات البرية – الثديات) باليوسين **Paleocene** (ذات الأزهار)
الميزوزي **Mesozic** (أو زمن الحياة المتوسطة) (200) مليون سنة		كريتاسي **Cretaceous** انقراض الديناصور جوراسي **Jurassic** الطيور – الزواحب الكبرى ترياسي **Triassic** الزواحف – (الديناصور)

الباليوزي **Palaeozoic**		برمي **Preman** الحركات الهرسينيه فحمـــي **Darboriferous** تكوينـــات الفحـــم - البرمائيات ديفوني **Devouian** الحركات الكاليدونية - الأسماك سليوري **Silurian** بدأ الفقريات اردوفيس **Ordovician** الجرابتوليت - اللافقريات كمبري **Cambrian** التريلوبيت
ما قبل الكمبري (3000) مليون سنة		بروتيروزيك **Proterozoic** أركي صخور متحولة كائنات حيوانية دنيئه صخور رسوبية رخوه ونباتات دنئية صخور متحولة ونارية من الفطريات

يلاحظ من الجدول أن طول الأزمنة والعصور الجيولوجية يتناقص مع تقدم الـزمن، وقـد يكون سبب ذلك تزايد التعقيد مما يسمح بتكوين فكرة عنها أكثر تفصيلاً، مما كانـت عليـه في الأزمنة والعصور الأقدم، حيث كل ما توغلنا في القدم قلت الأدلة على تطور الحياة بشكل عام. وإضافة لما تقدم فإن التطورات التي حدثت في العصور الجيولوجية الأحدث، هي التـي تظهـر آثارها واضحة المظاهر الحالية لسطح الأرض، وما عليه من مظاهر حيوية مختلفة، من أهمهـا ظهور الكائنات البشرية وتطورها.

إن أسماء الأزمنة والعصـور الجيولوجيـة قـد أخـذت اسـم المنطقـة التـي تواجـدت فيهـا الصخور الممثلة بها. وقد أخذت هذه الأزمنة والعصور أسماءها

في الماضي من أسماء مناطق تمت دراستها لأول مرة، حيث وجدت معظمها في بريطانيا، أما العصور التي تتواجد في بريطانيا فقد أخذت أسماء أماكن تواجدها، فمثلاً العصر البيرمي الذي اشتق اسمه من مقاطعة (بيرم)، أما العصر الجوارسي فقد اشتق اسمه من جبال (جوار).

تركيب الكرة الأرضية وأغفلتها:

أثبتت الدراسات المتعلقة بالكرة الأرضية بأنها غير كاملة الاستدارة، بل مفلطحة قليلاً عند القطبين ومنبعجة قليلاً عند خط الاستواء وبذلك فقد قدر طول قطرها بين القطبين ينقص بنحو (43) كيلو متراً على طول قطرها الاستوائي، كما أن محيطها المار بالقطبين ينقص حوالي (77) كيلو متراً عن محيطها الاستوائي، وهذه الأطوال هي:

– القطر الاستوائي (12.757) كيلو متر.

– القطر الواصل بين القطبين (12.714) كيلو متر.

– المحيط الاستوائي (40.077) كيلو متر.

– المحيط المار بالقطبين (40.000) كيلو متر.

إن الأغلفة الطبيعية الظاهرية للكرة الأرضية ترتبط ارتباطاً مباشراً بكل المظاهر الطبيعية والحيوية والبشرية على سطحها، ويكون هذا الارتباط بدرجات متباينة.

عموماً يتكون كوكب الأرض من عدة أغلفة وهي: (شكل رقم 5)

شكل (5) أغلفة كوكب الأرض

أ- الغلاف الجوي الأتموسفير (Atmosphere):

يحيط بالكرة الأرضية الغلاف الجوي الأتموسفير، حيث تعتمد عليه كل أنواع الكائنات الحية في حياتها، سواء منها ما يعيش في البر والبحر أم الجو، الدقيقة منها والكبيرة سواء منها ما هو نباتي أم حيواني. وفي هذا الغلاف الغازي يوجد الأوكسجين والسحب وبخار الماء، إضافة إلى أن الرياح تنساب فيه، وتعمل على توزيع الحرارة ما بين المناطق المختلفة.

يتراوح سمك هذا الغلاف الغازي ما بين (200 – 300) كيلو متر ابتداءً من سطح البحر، ويتكون من عدة طبقات (سيتم ذكرها في فصل المناخ).وبصورة عامة تشكل الغازات والأبخرة النسبة الكبيرة من هذا الغلاف، حيث تصاعدت من الأرض حين نشأتها عندما كانت في حالة غير صلبة، كذلك يحتوي الغلاف الجوي على الغازات التي كانت ولا تزال تندفع من فوهات البراكين مع الحمم البركانية إلى الأتربة الدقيقة الحبيبات، وبقايا الشهب والنيازك العالقة في الهواء.

ب- الغلاف المائي (الهيدورسفير Hydrosphere):

يشمل الغلاف المائي على كل أنواع المياه العذبة والمالحة الموجودة على سطح الأرض،
مثل المحيطات، والبحار، والبحيرات، والأنهار، وكذلك يشمل المياه الموجودة داخل الأرض وفي
صخورها وفي هوائها، وتبلغ نسبة مياه المحيطات والبحار حوالي (97%) من المياه في العالم،
وتغطي حوالي (71%) من السطح الكلي من للكرة الأرضية، أما النسبة الباقية من المياه فهي
ممثلة بالأنهار والرطوبة العالقة في الجو (كما سيأتي شرح ذلك لاحقاً).

جـ- الغلاف الصخري (الليثوسفير Lithosphere):

يشمل كل النطاق الصخري من القشرة الأرضية وقيعان المحيطات والبحار وسمكه غـير
محدود، وقد يختلف من موقع إلى آخر، حيث يتكون هذا الغلاف من طبقتين هما:

1. السيال (Sial) المتكونـة مـن السـليكا والألمنيـوم، ويكـون سـمكها حـوالي (50) كـم
   وكثافتها حوالي (2.7).

2. السيما (Sima) المتكونة من السليكا، والمغنيسوم، وسمكها يقرب مـن (120) كـم،
   أما كثافتها فهي ما بين (2.9 – 3.6).

د. الغلاف الحيوي (البايوسفير Biosphere) :

ويشمل كل أنواع الحياة في العالم سواء كان نبـاتي أو حيـواني، مـائي أو بـري، ويمثـل هـذا
الغلاف التقاء الأغلفة الثلاث السابقة حيث تعيش فيه جميع الكائنات الحية.

وقد أثبت الدراسات العلمية أن الأرض هي الكوكب الوحيد الذي يحتوي على الغلافين المائي والجوي، واللذين تسببا بدورهما في تكوين ما يميزها بوجود الغلاف الحيوي الغني بأحيائه، أما الغلاف الصخري فيوجد في بعض الكواكب السيارة الأخرى لا سيماً الصغيرة والقريبة من الأرض، كعطارد، والزهرة، والمريخ، وقد تنتشر الحياة في الغلاف الصخري بشكل بسيط.

باطن الأرض (البارسفير Barysphere) :

ويشمل باطن الأرض وما يقع تحت القشرة الأرضية، ويمكن أن يطلق على باطن الأرض اسم الباثسفير **Bathysphere** أو النطاق المركزي (السنتروسفير **Ceuntrosphere**). إن المعلومات المتوافرة عن باطن الأرض قليلة ومبنية على الاستدلال والاستنتاج، وتقل هذه المعلومات أكثر كلما زدنا تعمقاً باتجاه باطن الأرض، معتمدة على تحليل الدراسات للموجات الزلزالية وقوانين الجاذبية والنشاطات البركانية. وهناك عدة محاولات حديثة لدراسة باطن الأرض، تعتمد على ثقب القشرة الأرضية باتجاه باطن الأرض، ولم تتوافر لحد الآن نتائج بهذه الدراسات الحديثة.

وهي نتائج دراسات الموجات الزلزالية والجاذبية أمكن تقدير كثافة الأرض والتي هي بحدود (5.5)، أما كثافة القشرة الأرضية فقد قدر بحوالي (2 – 3.3) وتزداد هذه الكثافة تدريجياً حتى تصل إلى (5.5) عند المانتل (**Mantel**) أو الستار، ثم ترتفع فجأة إلى (9.5) عند أعلى غلاف النواة ثم تتزايد بمعدل ثابت إلى أن تصل إلى (11.5) في أدنى غلاف النواة، أما عند مركز الأرض فتقدر الكثافة بين (12.5 – 18).

أما حرارة الأرض فإنها ترتفع بشكل عام مع العمق نحو المركز وبشكل تدريجي بمعدل (1) درجة مئوية لكل (32) متر، ويختلف هذا المعدل من جهة إلى جهة أخرى حسب نوعية الصخور وكثافتها، ودرجة توصيلها للحرارة والتفاعلات الكيماوية في باطن الأرض، وكذلك فإن تزايد العمق قد يؤدي على تزايد الضغط الواقع على مواد باطن الأرض، وهذا بالنتيجة قد يؤدي إلى ارتفاع في معدل تزايد الحرارة، إضافة إلى أن احتواء الباطن على بعض المواد ذات الإشعاعات الذرية قد تكفي لتوليد طاقة حرارية هائلة، قدرها الباحثون في مركز الأرض بحوالي (4000) مئوية، وقد قدر الضغط الواقع على مركز الأرض بما يعادل ضغط الغلاف الجوي على سطح الأرض بأربعة ملايين مرة. أما بالنسبة إلى سيولة باطن الأرض وصلابتها، فإن من المعتقد أن صخور الأرض شديدة الصلابة، على الرغم من وجود بعض النطاقات المحدودة ذات المواد السائلة أو الرخوة، وكذلك اللافا البركانية التي تخرج على شكل سائل وأن السبب في اعتقاد صلابة باطن الأرض – على الرغم من الحرارة الهائلة التي تكفي لصهر جميع المعادن – هو وجودها تحت الضغط الشديد، والذي يؤدي إلى ارتفاع درجة انصهارها، وبالتالي إلى بقائها صلبة في درجات حرارة أعلى بكثير من درجات انصهار المعادن العادية. وإذا ما خف الضغط الواقع عليها لأي سبب كان (مثل انكسار الواقعة فوقها أو ثنيها)، فإنها سرعان ما تنصهر وتندفع إلى السطح عند وجود طريق للخارج، وهذا ما يحدث للافا البركانية.

المبحث الثالث: الخصائص الجيوفيزيائية للأرض:

اعتماداً على الدراسات العلمية، واستناداً للمعلومات الزلزالية ودراسة اللافا البركانية، فقد اتفق على أن مادة الأرض قد تجمعت في أغلفة ذات خصائص متباينة يتكون منها جسم الأرض وبشكل نطاقات (من مركز الأرض حتى سطحها).

نطاقات الكرة الأرضية:

1. النواة:

تتكون النواة من مواد معدنية أهمها، النيكل (NI)، والحديد (FE)، لذلك تسمى أيضا نيف (NIFE)، وهي كلمة مكونة من جزأين يمثل كل منهما الحرفين الأولين للنيكل (NIKLE)، والحديد (FERRUM)، وتبلغ درجة حرارة النواة ما بين (3000 - 4000°) مئوية، أما قطرها فيقدر بحوالي (3100) كم. وتقسم النواة إلى نطاقين أحدهما داخلي شديد الصلابة يشبه الكرة المعدنية، ويعرف باسم النواة الداخلية (INNER CORE)، أما النطاق الخارجي فهو رخو ومائل للسيولة، ويعرف باسم النواة الخارجية (OUT CORE).

2. غطاء النواة المانتل (MANTLE) :

ويطلق على هذا الغلاف أيضاً بالستار أو الوشاح، وهو أسمك طبقات الكرة الأرضية، ويتكون من صخور قاعدية بازلتية ذات كثافة عالية جداً وصلابة شديدة.

3. القشرة (CRUST) :

هو الغطاء الصخري الخارجي للكرة الأرضية، والقشرة عبارة عـن طبقـة رقيقـة لا يـزيد سمكها عن (40) كـم، وقد يقـل عـن ذلك إلى أن يصـل إلى (10) كـم في بعـض المواقع مثـل المحيطات العميقة. وتتكون القشرة من طبقتين، عليا وسفلى وكما يأتي:

أ- طبقة القشرة العليا: التـي يطلق عليها أيضاً اسـم سـيال (SIAL)، حيـث يـدخل في تركيبها مواد أغلبها من السليكا (SI) والألمنيوم (A1)، علماً بأن أغلب صخور هذه الطبقة هـي من مواد جراتينية، وتتراوح كثافتها ما بين (2.5 – 3).

ب- طبقة القشرة السفلى: يطلق عليها أيضاً اسم سيما (SIMA)، وتتكـون هـذه الطبقـة من صخور أغلبها بازلتية وتتراوح كثافتها ما بين 03 – 3.5)، وأغلب مكوناتها المعدنية والأشكال رقم (6.7) يمثلان نطاقات الكرة الأرضية المهمة وتركيبها الداخلي.

شكل (6) نطاقات الكرة الأرضية

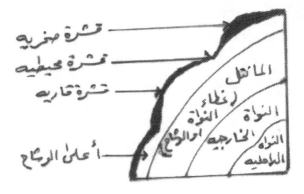

شكل (7) قطاع عرضي للأرض يوضح تركيبها الداخلي

صخور القشرة الأرضية:

تتكون القشرة الأرضية من مواد مختلفة بعضها عـن بعضـها الآخـر في التركيـب والمنشـأ وأهمها المواد العضوية التي تكونت من البقايا الحيوانية والنباتيـة، وكـذلك هنـاك المـواد غـير العضوية والتي أهمها المعادن والصخور.

والصخور بصورة عامة هي عبارة عن مركبات من المعادن، أما المعـادن فهـي عبـارة عـن مركبات من العناصر، والعنصر الواحد هو وحدة تركيب المعادن، أما المعدن فهو وحدة تركيب الصخور. وقد تتواجد بعض المعادن التي قد تتكون من عنصر واحد مثل الـذهب، والقصـدير، والنحاس، والفضة، والرصاص، وهذه المعادن لا تشكل نسبة كبيرة من تكوينات القشرة الأرضية بسبب قلتها أو ندرتها. والصخور عموماً يمكن اعتبارها من أهم مكونات القشرة الأرضية، عـلى الرغم من اختلافها في درجة صلابتها وألوانها ونفاذيتها وتماسكها وتكوينها من معـدن واحـد أو من خليط من المعادن، إضافة إلى تواجد بعض العناصر الأخرى، مثل الأوكسجين الـذي يشـكل حوالي (47%) من مجموع وزن القشرة الأرضية، ويدخل في تركيب أكثر المعادن. وهناك أكثر من

(2000) نوع معروف من المعادن تأتي السليكا على رأس هذه المعادن، حيث تدخل في تكوين كثير من الصخور، إضافة إلى بعض العناصر الأخرى حسب الجدول (2).

جدول رقم (2) أهم العناصر الداخلة في تركيب القشرة الأرضية

العنصر	النسبة	العنصر	النسبة
الأوكسجين	%46.71	الصوديوم	%2.75
السليكا	%27.69	البوتاسيوم	%2.58
الألمنيوم	%8.7	المغنيسيوم	%2.08
الحديد	%5.05	التيتانيوم	%0.62
الكالسيوم	%3.25	الهيدروجين	%0.14

المعادن المكونة للقشرة الأرضية:

أهم هذه المعادن هي:

1. معدن الكوارتز Quartz :

يعد الكوارتز من أهم المعادن التي تدخل في تركيب القشرة الأرضية، الأساس في تكوين حجر الجرانيت، وكذلك قد يتواجد في الصخور المتحولة بشكل عروق، وفي كثير من الأحيان قد تحمل هذه العروق بعض المعادن الفلزية الثمينة، مثل الذهب والرصاص، فضلاً عن تواجده في فجوات وشقوق الصخور الرسوبية، وخاصة الصخور الرملية، ومعدن الكوارتز هو ثاني أكسيد السليكون (SIO2)، أسهل التكلس وشفاف إذا كان نقياً، ولكنه يكون مائلاً إلى البياض في أكثر الأحيان وقد يتغير لونه باختلاطه مع بعض الشوائب،

حيث يأخذ لون هذه الشوائب، وهو ذو بريق زجاجي وصلابته قد تصل إلى فوق المتوسط (درجتها 7-8)، ولا يتمتع بصفة التشقق، ولكن يمكن تكسيره وطحنه إلا أنه لا يتأثر بالأحماض. وينتشر معدن الكوارتز بشكل كبير جداً حيث تتواجد بلوراته المفككة والمتحللة في الصخور المختلفة على مساحات شاسعة جداً من سطح الأرض، والممثلة بالمناطق الرملية الصحراوية والحصى الذي يغطي مناطق واسعة من الصحارى، فهو بذلك يعد من أكثر المعادن أهميةً وانتشاراً، وأكبر مساهمة في تركيب القشرة الأرضية.

وللكوارتز أيضاً فوائد اقتصادية متعددة، أهمها صناعة العدسات للنظارات والأجهزة العلمية، إضافة إلى كونه المادة الأساس في صناعة الزجاج والخزف، كما أن الأنواع الملونة من الكوارتز تستخدم في صناعة الحلي والمسابح وغيرها.

2. معدن الفلدسبار FLDSPAR :

يعد هذا المعدن (مع الكوارتز) من أهم المركبات التي تدخل في تركيب الصخور النارية، ويتكون أساساً من سليكات الألمنيوم المتحدة مع أكاسيد البوتاسيوم والصوديوم والكالسيوم، كل منهم منفرداً أو مجتمعين.

تتحلل معادن الفلدسبار بواسطة المياه أو الأمطار إلى مواد طينية وصلصالية الرواسب التي تجلبها الأنهار، والتي تتكون منها معظم دلتاوات ووديان الأنهار في مواسم الفيضانات، وتتواجد بعض معادن الفلدسبار بشكل نقي بحيث تصلح لصناعة الأواني الخزفية، وخاصة الخزف الصيني(CHINA LAY) والكاولين (KAOLIN) الموجودان كرواسب لبعض أنهار الصين ووسط كوريا.

ويعد الأورثوكلاز (ORTHOCLASE) المتكون من سليكان الألمنيوم والبوتاسيوم وكذلك البلاجيوكلاز (PLAGIOCLASE) المتكونان من سليكات الألمنيوم والكالسيوم والصوديوم مـن أهم معادن الفلدسبار، اللذين يستعملان في صناعة الزجاج والأواني الخزفية.

3. معدن الكالسيت (CALCTE) :

يأتي هذا المعدن بعد الكوارتز من حيث كثرة وجوده في صخور القشرة الأرضية ويعد المادة الرئيسة في تركيب الصخور الجيرية. والكالسيت مركب متكون من كربونات الكالسيوم ($CACO_3$)، وله بريق زجاجي وسريع التأثر بالأحماض حيث ينتج عند تفاعله مـع الحامـض غاز (CO_2)، والمعدن أيضاً سهل التشقق وقليل الصلابة وهذا مـا يميـزه عـن الكـوارتز الـذي يتشابه معه بالمظهر.

يتواجد معـدن الكالسيت في كهوف المناطق الجيرية، حيـث يكون الأعمـدة الهابطـة (الإستلكتايت STATACTITS)، والأعمدة الصاعدة (الاستلكتمايت STALAGMITS)، وكذلك يتواجد على شكل عروق نقية من المعدن متقاطعة أو متوازية مع طبقات الصخور الجيرية.

4. معدن الجبس GYPSUM :

هو عبارة عن مركب كبريتات الكالسيوم والمـاء ($SaSo4.2H2O$)، وقد يتواجـد بعـدة أشكال، منها المتبلورة أو كتل غير متبلورة، أو على شكل خيوط تشبه الميسيليوم (خيوط نبات الفطر) وغيرها. ويتواجد الجبس في كثير من الصخور الرسوبية، وقد يكـون صخوراً جبسـية في الصحارى أو في المناطق الساحلية خاصة في المناطق الجافـة وشـبه الجافـة في العالـم. والجبس النقي عبارة عن معدن شفاف ذو بريق زجاجي وشديد التشقق، أو ذات تشقق كامل،

والمعدن إذا حرق فقد جزيئات الماء الموجودة في مركبه وينتج عن ذلك مادة الجبس (PLASTER) المستعملة في البناء، كما يمكن إنتاج الجبس الطبي من الأنواع النقية منه.

5. أكاسيد الحديد IRON OXIDES :

تتواجد هذه الأكاسيد بكثرة في القشرة الأرضية، أو مخلوطة مع الصخور والرواسب المختلفة، وتوجد أكاسيد الحديد بعدة أنواع أهمها: الهيماتيت (HAEMATITE) والماكنيتيت (MAGNETITE) والليمنيت (LIMENITE).

ويمكن الاستفادة من هذه الأكاسيد لاستخراج بعض المعادن المهمة، فمثلاً يمكن الحصول على الحديد من خامات الهيماتيت، حيث تتحدد قيمة الحديد بمدى خلوه من الشوائب. وقد يتواجد الهيماتيت بشكل بلوري أو بشكل كتل أو مسحوق ناعم مخلوط مع الصخور أو الرمال والتربة، فيعطيها لوناً أحمراً أو بنياً.

أما الماكنيتيت فله صفات مغناطيسية عالية وذات لون أسود، وقد يكون متبلوراً أو حبيبات خالية من صفة التبلور. أما إذا وجد عنصر التيتانيوم في تركيب أكاسيد الحديد فإنه يكون الليمنيت، وهذا العنصر له أهمية عالية في صناعة مواد الطلاء البيضاء، وكذلك صناعة بعض أنواع الصلب الجيدة التي تدخل في صناعة الطائرات.

6. معادن الميكا MICA :

وهي من المعادن المهمة التي تدخل في تركيب الصخور النارية، وتحتوي هذه المعادن في تركيبها على سليكات الألمنيوم المتحدة مع أحد أكاسيد الحديد

والبوتاسيوم والمغنيسيوم، وتختلف الميكا حسب الأكاسيد الداخلة في تركيبها، فمثلاً المسكوفايت أو ما يطلق عليه بالمايكا البيضاء فإنها تتكون من سليكات الألمنيوم وأكاسيد البوتاسيوم، في حين أن بيوتميت يمثل المايكا السوداء والمتكونة من سليكات الألمنيوم مع أكسيد الحديد أو المغنيسيوم.

7. معادن الهورنبليند (HORNEBLEND) والأولفين (OLIVINE):

وهما من معادن الصخور النارية، ويتكونان أساساً من سليكات الألمنيوم مختلطة مع الكالسيوم والحديد ليتكون معدن الهورنبلند، أما معدن الأولفين فيتكون من سليكات الألمنيوم إضافة إلى الحديد، ويتصف المعدنان بريقهما الزجاجي ولونهما المائل للأخضر الغامق، مع ملاحظة أن الهورنبلند يكون مائلاً إلى السواد وذو صلابة أقل من الأولفين.

المبحث الرابع: أنواع الصخور:

هناك عدة طرق لتصنيف صخور القشرة الأرضية، حيث يمكن تصنيفها استناداً إلى بعض خصائصها المهمة، فمثلاً وهناك الصخور البلورية وغير البلورية، والصخور الصلبة وغير الصلبة، وتقسم الصخور عموماً حسب طرق تكوينها في الطبيعة إلى ثلاث مجموعات كبرى هي:

1. الصخور النارية **IGNEEU ROCK** .
2. الصخور الرسوبية **SEDIMEUTAVY ROCK** :
3. الصخور المتحولة **METAMONPHIC ROCK** .

والمقصود بمجموعة الصخور المتحولة هي الصخور التي كانت في الأصل واحدة من المجموعتين الأخريين، ثم تعرضت إلى تغييرات في الظروف، فتحولت إلى صخور جديدة تختلف عن الصخور الأصلية.

أولاً: الصخور النارية IGNEEU ROCK :

وهي الصخور التي تكونت من تصلب مواد جوف الأرض المنصهرة بواسطة البرودة، وقد يحدث هذا التصلب فوق سطح الأرض بعد خروج المواد المنصهرة للسطح، أو بين القشرة الأرضية أو طبقاتها، أو تحتها.

تمتاز الصخور النارية بالمواصفات الآتية:

1. شديد الصلابة، ولذلك فإن لها القدرة العالية على مقاومة التعرية وعوامل النحت.

2. عدم احتوائها على الحفريات.

3. عدم تواجدها بشكل طبقات منتظمة.

4. تتكون في الغالب من معادن متبلورة، لذلك فإنها تعرف باسم الصخور المتبلورة CRYTALLISD ROCK.

5. من أهم المعادن المتواجدة في الصخور النارية هي الكوارتز والفلدسبار والمايكا والهورنبلند والأوليفين والأوجايت.

ويمكن تقسيم الصخور النارية حسب الظروف والأماكن التي تصلبت فيها إلى الآتي:

1. صخور سطحية EXTNUSINE :

وهي الصخور التي تتكون مـن تصلب الطفوح البركانيـة واللافا (LAVA) فـوق سطح الأرض، والتي كانت في الأصل ماكما (MAGMA) المتواجدة تحت القشرة، ويتدرج تبلور هـذه الصخور من باطن الأرض إلى سطحها، وبذلك فإنها تنـدرج أيضاً بخواصها مـن البـاطن إلى السطح. كما يوجد اختلاف في الحرارة النوعية للصخور واختلاف في طريقـة التبريد مـما ينتج عنه تباين في تركيب الصخور، ويعد البازلـت (BASALT) أكـثر الصخور الناريـة السطحية انتشاراً حيث تتكون منه الهضاب والجبال البركانية في العالم، وتكون ذات لون أسود وزجاجي المظهر، إضافة إلى صخور الجابرو البركانية. وتكون بلورات الصخور السطحية عموماً دقيقة أو قد تكون عديمة التبلور، وذلك نتيجة للتجمـد السريع (أو التبريد السريـع) للحمـم البركانيـة الذي لا يسمح بتكوين الأشكال البلورية وتظهر هـذه الصخور في الطبيعة علـى عـدة أشكال استناداً إلى درجة حرارتها وتركيبها الكيماوي ولزوجتها.

2. صخور باطنية INTRUSIVE :

وهي الصخور المتكونة من تصلب الماكا (المادة المنصهرة) بيـن طبقـات القشرة الأرضية، وتكون متداخلة ما بين الصخور الرسوبية تاركـة الصخور الناريـة علـى السطح، وهـي بـذلك تتواجد تحت السطح أو في جـوف الأرض ولا تظهـر إلا بواسـطة عوامـل التعريـة التـي تزيـل الصخور الرسوبية تاركة الصخور النارية على السطح. وتكون بلورات هذه الصخور عموماً أكبر من بلورات الصخور السطحية نتيجة لتعرضها إلى البرودة البطيئـة، والتي تسمح للصخور بتكوين أشكالها البلورية الكبيرة الحجوم، وذلك نتيجة النسيج الخشن مقارنة

بالصخور السطحية، وعندما يكون تصلب الصخور بشكل بطيء جداً، فإن بلورات الصخور وخاصة الموجودة في جوف الأرض تكون كبيرة، ومن أشهر أمثلة الصخور الباطنية هو الكرانيت (GRANITE) .

وتختلف الصخور النارية فيما بينها أيضاً من حيث تركيبها الكيماوي، ونسب تواجد ثاني أكسيد السليكون (الكوارتز أو السليكا) الداخل في تركيبها، وكالآتي:

أ- صخور حامضية ACIDIC ROCKS :

وهي الصخور التي تكون فيها نسبة الكوارتز ما بين (60 – 70%)، إضافة إلى احتوائها على نسبة قليلة من الحديد والمغنيسيوم، ويكون لون هذه الصخور فاتحة كصخور الكرانيت، أما إذا زادت نسبة السليكا فيها عن (70%) فتعد هذه الصخور بأنها فوق حامضية (ULTRA ACIDIC ROCKS).

ب- صخور متوسطة INTERMEDIATE :

وهي الصخور الحاوية على (52 – 60%) من السليكا، وتحتوي على نسبة أعلى من الحديد والمغنيسيوم، أما لون هذه الصخور فيكون أكثر دكنه من الصخور الحامضية كصخور الدايورايت.

جـ- صخور قاعدية BASIC ROCKS :

وهي الصخور الحاوية على (40 – 53%) من السليكا، وتكثر فيها نسبة الحديد والمغنيسيوم والتي تعطيها اللون القاتم كصخور الجابرو، أما إذا قلت نسبة السليكا عن (40%) فتسمى الصخور بفوق قاعدية (ULTRA BASIC)

(ROCKS ، ويكون محتواها من الحديد والمغنيسيوم عالٍ ومن أمثلتها صخور الدونايت والهوربنلند.

ثانياً: الصخور الرسوبية SEDIMENTARY ROCKS :

وهي الصخور التي تحتل الدرجة الأولى في تغطيتها لما يقرب من (75%) من المساحة الكلية لليابسة، على الرغم من أنها لا تمثل سوى (5%) فقط من الحجم الكلي للقشرة الأرضية، أما الصخور النارية المتحولة فتحتل حوالي (25%) فقط من مساحة اليابسة ولكنها تمثل (95%) من تركيب القشرة الأرضية.

وتتواجد الصخور الرسوبية في العادة على شكل طبقات متتابعة، لذلك تسمى أيضاً بالصخور الطبقية (STRATIDIED RO,KS) ، ويتفق تواجدها بهذا الشكل مع ترتيب العصور التي تكونت أثنائها بحيث يكون الأقدم تحت الأحدث إلا إذا تعرضت لعوامل التعرية والحركات الأرضية، فبذلك قد يتعرض هذا التتابع إلى الخلل.

وكذلك تتميز الصخور الرسوبية بكثرة تواجد الحفريات (FOSSILS) بين طبقاتها، وهذه الحفريات عبارة عن البقايا والآثار النباتية والحيوانية، التي تعد الوسيلة المهمة لدراسة عمر الطبقات الصخرية ومعرفة الظروف الطبيعية التي كانت سائدة خلال العصر ـ الذي تكونت فيه تلك الطبقات.

وقد تتواجد الصخور الرسوبية في تراكيب (STRUCTURES) مختلفة، حسب شدة أو خفة حركات القشرة الأرضية، وكذلك عوامل التعرية، وعلى ذلك يمكن تمييز نوعين رئيسيين من التراكيب هما:

أ- التراكيب المتوافقة (CONFOMELLE) :

وهي التراكيب التي تكون فيها الطبقات متتابعة من الأسـفل إلى الأعـلى، حسـب ترتيبهـا الزمني دون أن تختفي من بينها طبقات تكونت في أي عصر من العصور.

ب- التراكيب غير المتوافقة (UN CONFOMELLE) :

وهي التراكيب العديمة التتابع في طبقاتها ومختلفة في ترتيبها الزمني، وبذلك قد تختفـي طبقة أو عدة طبقات لأسباب مختلفة، منها توقف الإرساب أو عوامل التعرية، التي قـد تزيـل الطبقات العليا ثم عودة الإرساب من جديد ما يؤدي إلى وجود طبقـات جديـد فـوق سـطوح الطبقات التي عملت فيها عوامل التعرية (شكل رقم 8).

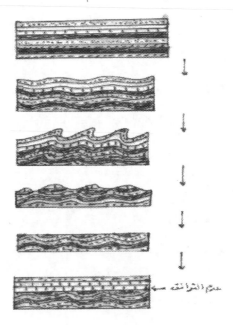

شكل (8) التحول إلى عدم التوافق في الطبقات الرسوبية

وتتكون الصخور الرسوبية عموماً من تجمد وتماسك الرواسب، وذلك بالتحام مكوناتها مع بعضها تحت تأثير الضغط الناشئ من ثقل الرواسب الأخرى، التي تعلوها، أو قد يتم التماسك أو الالتصاق بواسطة مادة لاصقة أو لاحمة، مثل كربونات الكالسيوم أو السليكا أو أكسيد الحديد، وتحت ظروف وبيئات مختلفة، ولهذه الأسباب فإن الصخور الرسوبية تصنف حسب طريقة نشأتها إلى الأنواع الثلاث الآتية:

1. صخور رسوبية ميكانيكية النشأة:

وهي الصخور ذات النسيج الناعم، أو النسيج الخشن، والتي لم يطرأ على تركيبها الكيماوي أي تغيير بعد أن نقلت بواسطة الرياح (رواسب هوائية EOLIAN)، أو المياه (رواسب فيضية ALLUVIAL)، و (رواسب البحيرات LACUSTRINE)، أو الثلاجات (رواسب جليدية GLACIALDEP)، وبعد انتقال المواد وترسبها يتم تماسكها بواسطة المحاليل اللاصقة أو الضغط الواقع عليها ما يؤدي إلى التحامها.

2. صخور رسوبية عضوية المنشأ:

وهي الصخور التي تكونت من ترسب بقايا الكائنات الحية النباتية منها والحيوانية، والتي تجمعت أجزائها الصلبة ثم تماسكت وتجمدت بمرور الزمن، وبتأثير الضغط والحرارة تتكون الصخور الرسوبية، وينتمي الفحم الحجري بأنواعه المختلفة إلى هذا النوع من الصخور.

3. صخور رسوبية كيميائية المنشأ:

وهي الصخور الرسوبية التي تنشأ من الترسيب للمحاليل الحاوية على مواد مذابة كالأملاح، أو تنشأ من تبخر المياه في هذه المحاليل بزيادة الضغط الذي يؤدي على وصول هذه المياه إلى السطح، وعند تبخر المياه تختلف هذه الأملاح ما يؤدي إلى تكون الصخور الرسوبية المتكونة كيميائياً. وتعد ظواهر الستالكتايت والستالكمايت (ظاهرة الكارست) من أحسن الأمثلة المعروفة على عملية الترسيب الكيميائي لكربونات الكالسيوم، وتظل المواد الرسوبية عموماً مفككة بعد ترسيبها، إلا إذا طرأ عليها ما يؤدي إلى تماسكها، وعندئذ تتكون منها الصخور الرسوبية التي تختلف فيما بينها على حسب نوع الرواسب والطريقة التي تماسكت بها.

ومن الأمثلة الشائعة للصخور الرسوبية، هي الصخور الجيرية واللايمستون (CALCARE ROCK LIMSTENE)، والصخور الرمادية (SAUDSTAUER)، والصخور الطينية (MUDSTUE) .

ثالثاً الصخور المتحولة (METAMAPLICE) :

وهي الصخور الناشئة عن تعرض الصخور النارية والرسوبية لظروف مختلفة عن الظروف التي تنشأ فيها، ما يؤدي إلى إعادة تبلورها وتحولها إلى صخور جديدة تختلف في بعض صفاتها عن الصخور التي تحولت منها، ودون تعرضها للتفكك، وقد تضاف إليها أحياناً عند عمليات التحول بعض المعادن الجديدة التي لم تكن موجودة في الصخور الأصلية التي تكونت منها، ويتم تحول هذه الصخور بطريقتين هما:

المبحث الخامس: عوامل تشكيل سطح الأرض:

تتعرض القشرة الأرضية بعد تكوينها إلى مجموعتين رئيستين من العوامل حيث تؤديان إلى ظهور تفاوت كبير في سطح اليابس بين مكان وآخر، وهي:

أولاً: العوامل الباطنية الداخلية.

ثانياً: العوامل الخارجية.

أولاً: العوامل الباطنية الداخلية:

هي العوامل التي يكون مصدرها جوف الأرض، وتسمى بالحركات التكتونية (TECTONIC MOVEMENTS)، وتساهم هذه العوامل في تشكيل سطح الأرض. وهذه الحركات الأرضية تعد حركات بانية للقشرة الأرضية، وتتمثل بأنها قد تؤدي نتائجها إلى رفع القشرة أو خفضها، أو تزيح كتل القارات جانباً فتضغط على الرواسب السميكة فتؤدي إلى طيها أو ثنيها، وكذلك حدوث الغوالق، والصدوع والانكسارات، وبذلك تؤدي إلى تواجد التضاريس المختلفة لسطح الأرض.

تنقسم العوامل البطانية الداخلية إلى نوعين كبيرين هما: النوع الأول: الحركات الباطنية البطيئة النوع الثاني: الحركات الباطنية السريعة.

النوع الأول: الحركات الباطنية البطيئة:

هي الحركات الأكثر تأثيراً، ولا تظهر نتائجها إلا بمرور عشرات أو مئات الآلاف من السنين، ولا يمكن للمرء الاعتيادي أن يحس بها. وقد حدثت هذه الحركات بشكل تغييرات بطيئة هادئة أو عنيفة القشرة الأرضية أو تحتها،

فينعكس أثرها على شكل مظاهر تضاريسية متباينة، كالمحيطات والقارات، وما بها من جبـال أو هضاب وسهول ومظاهر تضاريسية أخرى.

وحركات القشرة الأرضية البطيئة هذه بالإمكان تقسيمها إلى نوعين هما:

أ- الحركات الرأسية:

ويكون تأثيرها على مناطق شاسعة من الكرة الأرضية، وهذه الحركات تعمل رأسياً مـن أسـفل إلى أعـلى أو بـالعكس وتعـرف بالحركـات البانيـة للقـارات (Cantint) Briding, Movements) وينتج عن هذه الحركات تحول القيعـان والبحـار إلى أراضٍ متسعة، أو هبـوط من اليابس وتحولها إلى محيطات أو بحار واسعة المساحة.

ب- الحركات الأفقية:

وهي الحركات التي ينتج عنها انثناء طبقات القشرة الأرضية، وبذلك تكون مسئولة عـن نشأة معظم السلاسل الجبلية في العالم، يكون عن طريق قوى الشد والضغط، حيث يترتـب عنها تكون الالتواءات والانكسارات، ويطلق على هذا النوع من الحركات اسم الحركات البانيـة للجبال (Mauntin Building Movments).

ويمكن أن تتمثل الحركات الباطنيـة بحركـات تضاريسية مهمـة ينشأ عنها الالتواءات (Folds)، والانكسارات (Folds) .

1. الالتواءات أو الانثناءات (Folds) :

هي الحركات التي تحـدث في القشرة الأرضية، والتي تـؤدي إلى تقوس بعض طبقات القشرة الأرضية إلى أعلى أو أسفل، بسبب تعرضها إلى الضغوط

الجانبية ما يؤدي إلى التواء طبقات صخور القشرة الأرضية أو طيها (أو ثنيها). ويحدث الانثناء عادة في طبقات الصخور الرسوبية بسبب مرونتها النسبية، مقارنة بالأنواع الأخرى في الصخور (خاصة إذا كانت الصخور الرسوبية حديثة التكوين)، ويكون ذلك ناتجاً عن تعرض الصخور إلى ضغط جانبي في اتجاه واحد أو اتجاهين مختلفين، ما يؤدي إلى تقوس قطاعات في طبقات الصخور إلى الأعلى، وتسمى عند ذلك التواء محدبة (Anilines)، أو إلى الأسفل وتسمى التواءات مقعرة (Synclines). ولكل التواء من التواءات محور، يمثل الخط الممتد على طول قمة الالتواء المحدبة أو قاع الالتواء المقعر.

وهناك أشكال مختلفة في الالتواءات والثنيات على حسب قوة الضغط، واتجاه الطبقات الصخرية، وبعدها عن مركز الضغط وفي الأشكال المهمة (شكل رقم 9).

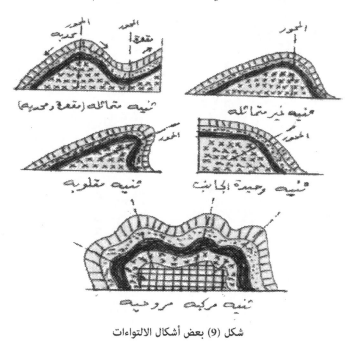

شكل (9) بعض أشكال الالتواءات

أ- الالتواء البسيط أو المتماثل Simple Syment Fold :

هو الالتـواء الـذي تبقـى فيـه طبقـات الصـخور محافظـة عـلى نظامهـا الأصـلي وتنثـي الطبقات مكونة حدبات مقعرة وأخرى محدبة بشكل متماثل.

ب- الالتواء البسيط غير المتماثل: Simple Asymaetrical Fold :

هو الالتواء الذي يكون ميل جناحيه على جانبي المحور غـير متسـاوٍ، أو أن أحـد جـانبي الالتواء أكبر نوعاً من الجانب الآخر.

جـ- الالتواء وحيد الجانب (Mauoline Fold) :

هو الالتواء الذي يشتد فيه ميل الطبقات من جانـب واحـد مـن جانبيـه، في حـين تظـل الطبقات أفقياً تقريباً أو مائلة ميلاً غير واضح من جانبها الآخر.

د- الالتواء المركب (Composite Fold) :

هو التواء كبير، يحتوي بداخله على عدة التواءات صغيرة نسبياً، وينشأ هـذا الالتـواء عنـدما تتعرض منطقة شاسعة ذات الالتواءات قديمة للاتواءات أخرى جديدة. ويشـغل هـذا النـوع عـدة آلاف من الكيلومترات المربعة، لذلك يطلق عليها أحياناً بالالتواءات الكبرى أو الإقليمية، وقد تكـون هذه الالتواءات محدبة أو مقعرة. ومن الالتواءات المركبة المقعرة ما تكـون نتيجتهـا بعـض البحـار ومنها البحر المتوسط، وقد تأخذ الالتواءات المركبة المحدبة في بعض الأحيان شكلاً مروحيـاً، وهنـاك أنواع أخرى من الالتواءات المركبة والتي تأخذ الالتواءات المقلوبة (**Oventurnd Fold**)، والمستلقية (**Recumbment Fold**)، والزاحفة

(Nappe)، والمنحدرة (Pitching Fold) ، والقبة (Dome)، والحوض (Basim).

الحركات الالتوائية الكبرى خلال العصور الجيولوجية:

لقد تعرضت القشرة الأرضية خلال مراحل تكوينها إلى التواءات كبرى تشكلت بسبب الأشكال التضاريسية الكبرى، كالجبال الالتوائية التي تشغل نطاقات ضخمة في مختلف القارات. وحدثت هذه الحركات في ثلاثة أزمنة جيولوجية مختلفة، هي الـزمن الأول، والزمن الثاني، والزمن الثالث، وكانت تفصل بعضها عن بعض ملايين السنين، وقد يعني ذلك أن الجبال التي تكونت نتيجة حركات الزمن الأول، قد مضي عليها فتـرة طويلة قدرت بـأكثر مـن مائـة مليون سنة، وخلال هذه السنين الطويلة لم تتوقف عمليات التجوية والتعرية، مما أدى بـذلك إلى إزالة أكثر معالم هـذه الجبـال وتحولها إلى تـلال قليلة الارتفـاع، أو إلى سـهول وأحيانـاً إلى منخفضات. إلا أن بعض هذه المناطق قد تعرضت في مراحل تالية لحركات أخرى أعادت إليهـا بعض ارتفاعها. أما الجبال التي ظهرت بحركات الزمن الثالث، فإنها حديثـة العمـر (يـتراوح عمرها ما بين 2- 15 مليون سنة وهو عمر قصير نسبياً)، وكانـت عوامـل التعرية غيـر كافيـة لإزالتها، أو التقليل من ارتفاعها فبقيت محتفظة بارتفاعاتها، وأصبحت تمثل في الوقت الحاضـر أعظم النقاط الجبلية في العالم، حيث يطلق عليها اسم الجبال الالتوائية الحديثة.

وأهم الحركـات التكتونيـة الرئيسـة التـي حـدثت في الأزمنـة الجيولوجيـة الثلاثـة (الأول والثاني والثالث) هي:

أ- الحركات الكاليدونية (Colldonian Movements) :

تتواجد الجبال المتكونة نتيجة هذه الحركات في معظم القارات، وأشهرها جبال كاليدونيا في شمال اسكتلندا أو مرتفعات اسكندنافيا، أما في أمريكا الشمالية فقد تم بناء مرتفعات الأبلاش بواسطة هذه الحركات ثم أكمل بواسطة الحركات الهرسينية. وقد حدثت معظم الحركات الكاليدونية في أواسط الزمن الجيولوجي الأول في العصر السيلوري والديفوني).

ب- الحركات الهرسينية (Hereynian Movement) :

وقد حدثت في القسم الأعلى في الزمن الجيولوجي الأول (خاصة في العصرين الفحمي والبرمي) فهي بذلك أحدث من الحركات الكاليدونية ببضع العشرات من ملايين السنين، ونتيجة ذلك فإن الجبال الناشئة بسبب الحركات الهرسيسنية تكون أكثر حداثة وارتفاعاً، وتتواجد في معظم قارات العالم جنوب المرتفعات الكاليدونية، وتتبع جبال جنوب أيرلندا، وويلز، وإنجلترا، وجبال غرب أوروبا، ووسطها، وجبال الأورال، وبعض جبال آسيا الصغرى، وجبال خنجان إلى هذا النوع من الحركات.

جـ- الحركات الألبية (Alpine Movement) :

تعد الحركات الألبية من أحدث الحركات الرئيسة التي تعرضت لها القشرة الأرضية، حيث بدأت في نهاية الزمن الجيولوجي الثاني، واستمرت حتى بداية الزمن الرابع. وتتواجد الجبال التي تكونت من الحركات في مناطق شاسعة من العالم، أهمها جبال الألب في أوروبا، وجبال أطلس في شمال إفريقيا، وجبال

آسيا الصغرى وإيران، وأفغانستان وسلاسل جبال الهملايا، وسلاسل جبال روكي، والأنديز، ومناطق أخرى من العالم.

أ- التحول بالحرارة:

ويحدث هذا التحول نتيجة تعرض الصخور إلى الحرارة الشديدة من الأماكن المجاورة للمادة المنصهرة في البراكين، ويتم هذا التحول في مساحات صغيرة لذلك يسمى بالتحول المحلي أحياناً.

ب- التحول بواسطة الحرارة والضغط معاً:

ويكون هذا التحول أكثر حدوثاً من التحول بواسطة الحرارة، حيث يحدث في نطاقات واسعة من القشرة الأرضية، لأنه مرتبط بالحركات التي تحدث في هذه القشرة لا سيماً الحركات الانثنائية، حيث تتعرض بسببها طبقات الصخور للضغط الشديد الذي يؤدي على ارتفاع في درجات حرارتها.

وتتصف الصخور المتحولة بهذه الطريقة باحتوائها على نسيج صناعي، ومن أهم هذه الصخور هي النيس (**Gneiss**) التي تتحول من الصخور النارية غالباً، إلا أنه قد يتم تحولها من الصخور الرسوبية أيضاً أو صخور الشيست (**Shiest**)، ويتم تحولها من الصخور النارية والرخام (**Marble**) الذي يتحول من الحجر الجيري (رسوبي)، بسبب الحرارة الشديدة المتأتية من المواد المنصهرة في جوف الأرض، التي تمر قرب طبقات من الحجر الجيري، وتؤدي هذه الحرارة إلى انصهار الصخور الجيرية وإلى تبلورها أثناء برودتها وتحولها إلى صخور متبلورة جديدة هي الرخام، ويوجد الرخام بألوان مختلفة إذا اختلطت به بعض الشوائب، مثل أكاسيد الحديد، أو المنجنيز، أما اللون الغالب للرخام فهو اللون المائل إلى البياض، حيث حدث التحول بواسطة الحرارة

والضغط معاً في مساحات شاسعة من القشرة الأرضية، يسمى بالتحول الإقليمي أو الديناميكي.

2. الانكسارات (Faults) :

هي عبارة عن حركات تصدعية، تتمثل بعيوب تصيب أجزاء من القشرة الأرضية، نتيجة الحركات الأرضية (التكتونية) البطيئة منها، السريعة، بسبب تعرضها للضغط أو الجذب الشديدين فضلاً عن عوامل كثيرة.

تتمثل الانكسارات في الغالب بانزلاق في الطبقات الصخرية المتواجدة على جانبي الانكسار، بحيث ينقطع امتداد هذه الطبقات، فتظهر على أحد جانبيه في مستويات مختلفة عن مستوياتها في الجانب الآخر.

ولتعدد أسباب وتنوع القوى والعوامل التي تسبب الانكسار، فإن الانكسارات تأخذ أنواعاً مختلفة أهمها:

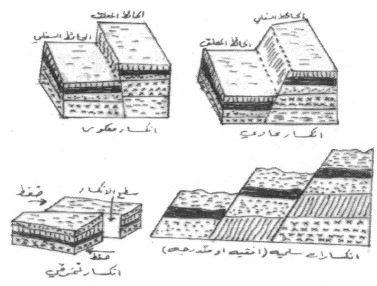

شكل (10) أشكال مختلفة من الانكسارات

أ- الانكسار العادي (Normal Fault) :

هو أكثر الأنواع شيوعاً وتواجداً، ويحدث بسبب الشد العنيف في منطقة اتجاه الانكسار.

ب- الانكسار المعكوس (Reverse Fault) :

وهو الانكسار الذي ينشأ نتيجة تعرض المنطقة لضغط جانبي شديد، عكس اتجاه الانكسار.

جـ- الانكسارات المتدرجة السليمة (Step Fults) :

وهي مجموعة من الانكسارات المتوازية، وتكون باتجاه واحد بحيث تؤدي إلى ظهور سطح بشكل متدرج أو سليم، وقد تكون الانكسارات عادية أو معكوسة.

د- الانكسار التمزقي (Tear Fault) :

هو الانكسار الذي يحدث نتيجة لحركات الزحف باتجاه أفقي، إلى أعلى أو إلى أسفل. وعادة يكون الزحف الأفقي نتيجة لتعرض قسمين متجاورين من التراكيب الصخرية لضغوط من اتجاهين أفقيين متضادين، تكون نتيجة تمزق التراكيب الصخرية وزحف أجزاء منها باتجاه مضاد لزحف الأجزاء الأخرى.

أهمية الانكسارات والصدوع في تشكيل سطح الأرض:

من المظاهر الفيزيوغرافية المهمة التي تشارك في تشكيل سطح الأرض ومسئولة عن تكوين كثير من المظاهر التضاريسية ومن أهمها:

- الوديان الانكسارية (Rilt Valleys) :

تنشأ هذه الوديان نتيجة لحدوث انكسارين متوازيين (أو ربما أكثر) وهبوط سطح الأرض الواقعة بينهما، وقد يحدث أحياناً ارتفاع في مستوى سطح الأرض الواقعة على جانبي الانكسارين الخارجيين (شكل رقم 11).

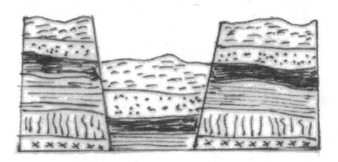

شكل (11) وادي انسكاري

وأشهر الوديان الانكسارية في العالم الـوادي الانكساري الإفريقي العظيم، والـذي يمتـد حوالي (6000) كيلومتر من شرق القارة الإفريقية (بحيرة ملاوي)، ويتجـه شمالاً حتى يخـترق خليج عدن، والبحر الأحمر والعقبـة باتجاه البحـر الميـت وغـور الأردن، وينتهـي في الجنوب السوري.

- الهضاب الانكسارية (Horsts) :

هي الهضاب التي تنشأ نتيجة لارتفاع مستوى سطح الأرض الواقع بـين انكسارين متقابلين، ومتزامن مع حدوث هبوط في سطح الأرض الواقعة على جانبي الهضبة الخارجيين، وهي بذلك تكون عكس اتجاه الحركات (شكل رقم 12).

شكل (12) هضبة انسكارية

وتعد منطقة الفوج، والغابة السوداء، وهضبة بوهيمياً في وسط أوروبا من الأمثلة التي توضح هذه الظاهرة.

النوع الثاني: الحركات الباطنية السريعة:

هي الحركات التكتونية التي تحدث فجأة وبوقت قصير جداً لا يزيد عن جزء من الدقيقة، وقد يكون بسبب اضطرابات باطنية، سواء في القشرة الأرضية أم في التكوينات التي ترتكز عليها، ومن أبرز هذه الحركات، الهزات الزلزالية والثورانات البركانية، وقد تسبب في حدوث كوارث مروعة. وتظهر آثار هذه الحركات الفجائية في مواضع محددة من سطح الأرض، وبعكس الحركات البطيئة التي لها دور رئيس في تكوين معظم التضاريس الكبيرة لسطح الأرض. وعلى الرغم من أن تأثير الحركات كان أقوى بكثير من خلال العصور الجيولوجية الماضية منها في الوقت الحاضر، وذلك لزيادة استقرار القشرة الأرضية، إلا أن هناك مناطق كثيرة في العالم تتواجد في النطاقات التي تتواجد فيها سلاسل الجبال الحديثة وتسمى مناطق ضعيفة، والتي هي عرضة للهزات الأرضية الزلزالية والثورانات البركانية لحد الآن.

- الزلازل (Earth Quakes) :

هي عبارة عن حركات تموجية سريعة وقصيرة، تصيب بعض أجزاء القشرة الأرضية في فترات متقطعة، وتنتشر هذه الحركات في مركز الاهتزاز، أو ما يطلق عليه البؤرة الزلزالية. وتختلف الحركات التموجية بعضها عن بعضها الآخر، فمنها ما تحدث بشكل رأسي، ومنها ما يحدث بشكل أفقي، وهذه الحركات هي الأكثر حدوثاً إضافة إلى احتمال حدوث حركات دائرية. وقد تختلف شدة الهزات، فمنها الشديدة والعنيفة، والتي تسبب أضراراً بالغة في القشرة الأرضية وما عليها، ومنها ما يكون ضعيفاً بحيث لا يمكن رصده إلا بآلات الرصد الزلزالي المسماة البيموجراف (Seismagragh). ومن أكثر هذه الآلات انتشاراً هو مقياس ريختير الذي توجه العالم الأمريكي (Richer) عام (1935) والمتكون من (9) درجات، يبدأ هذا المقياس بالدرجة (1)، وهو أضعف الزلازل الذي لا يشعر به الإنسان العادي، وإنما يسجلها جهاز البيموجراف، أما أقواها شدة فقد حدث بدرجة (8.8 – 9) من أصل (9) قرب جزيرة أجه (Aceh)، وهي إحدى جزر أندونيسيا في المحيط الهندي، والذي أحدث مداً بحرياً هائلاً حيث يسمى مثل ذلك تسونامي، وكان ذلك في عام 2005 حيث تسبب في قتل أكثر من ربع مليون من البشر مع كثير من الأضرار المدمرة للقرى والمدن القريبة من السواحل المطلة على المحيط الهندي، وقبله حدث بدرجة (8.6) في الهند عام 1905 أو كان مدوياً أيضاً.

أسباب حدوث الزلازل:

أثبتت الدراسات الحديثة التي تخص علوم الطبيعة الأرضية (Geophisies) أن هناك نوعين من الزلازل ينتجان من أحد الأسباب الآتية:

أ- الحركات التكتونية المفاجئة والناشئة من حركات مناطق الالتواء والتصدع الكبرى، حيث تعد هذه مناطق ضعيفة في القشرة الأرضية، ويصاحب هذه الحركات انزلاق في التراكيب الصخرية تحت سطح الأرض إضافة إلى تعرض القشرة الأرضية إلى الشد والضغط بالاتجاهين الأفقي والعمودي حيث ينتج عن ذلك حدوث تقلصات عنيفة في القشرة الأرضية، ينشأ عنها ما يسمى بالزلازل التكتونية (Tectonic Erth Qukes) .

ب- التفاعلات والثورانات البركانية وما يصاحبها من حركات واهتزازات عنيفة في القشرة الأرضية، تؤدي إلى اندفاع المواد المنصهرة أو الغازية بقوة بين طبقات الصخور، ويحدث هذا النوع من الزلازل في المناطق البركانية، وهي أقل حدوثاً من الزلازل التكتونية بشكل عام، ومن الجدير بالذكر أن الكثير من الثورانات البركانية قد لا تصاحبها زلازل بركانية.

إن النقطة التي يبدأ فيها الزلزال تكون عادة على عمق عدة كيلومترات تحت سطح الأرض، تعرف هذه النقطة باسم البؤرة، حيث تنتشر الموجات الزلزالية في جميع الاتجاهات تقريباً. وأن منطقة تأثر الزلزال هي سطح الأرض، الواقعة مباشرة فوق البؤرة، حيث يطلق عليها اسم المركز السطحي.

وللزلازل آثار جغرافية مهمة تتجلى في تدمير المدن وفقدان الأرواح الكثيرة من السكان، إضافة إلى ما تسببه من تفشي ـ الأوبئة والأمراض، وحدوث الانهيارات والفيضانات المتمثلة بانهيار الجسور والقنوات، وكذلك انهيارات طبقات التربة والصخور، أو الجليد والسدود والخزانات المائية، وما يزيد من هول الكوارث الزلزالية وكثرة ضحاياها من تدمير طرق المواصلات البرية والنهرية، وعرقلة عمليات الإنقاذ، وإزالة الأنقاض، إضافة إلى ما تحدثه الزلازل من تشقق للأرض وتصدعها، وقد تهبط طبقات القشرة الأرضية في مناطق وترتفع في مناطق أخرى، وربما تتسبب في ابتلاع البحر لكثير من الأراضي الزراعية والمدن والجزر عندما تهبط المناطق المجاورة للبحار، ما يؤدي على اختفائها.

التوزيع الجغرافي للزلازل:

إن المناطق الضعيفة في القشرة الأرضية هي نطاقات الزلازل الرئيسة التي تحدث بها مثل هذه الزلازل في العالم، على أن هناك نطاقين رئيسيين لحدوث الزلازل، إضافة إلى وجود نطاقين آخرين ثانويين أقل منهما أهمية. والنطاقان الرئيسان، هما رقم (1) ورقم (2)، أما النطاقان الثانويان فهما رقم (3) و (4) وكما يأتي:

1- **النطاق الرئيس الأول:** ويمتد حول المحيط الهادي، ويشمل المناطق الساحلية في غرب الأمريكتين وغرب آسيا، وكذلك الجزء الواقع على الشرق من أستراليا، ويشمل حوالي (68%) من الزلازل التي سجلت في العالم.

2- **النطاق الرئيس الثاني:** ويبدأ من سواحل المحيط الأطلسي في الغرب في إفريقيا وحتى شمال البرتغال، ويمتد نحو الشرق في جنوب أوروبا، وكذلك

جبال أطلس، ويستمر حتى شرق البحر المتوسط ليشمل آسيا الصغرى وإيران وجنوب بحر قزوين وجبال الهملايا، ثم يتفرع إلى فرعين، الأول: يتفرع إلى الصين شرقاً أما الثاني: فينحرف نحو الجنوب الشرقي، ويشمل هذا النطاق حوال (21%) من الزلازل التي سجلت في العالم.

3- **النطاق الثاني الثالث:** ويمتد في وسط المحيط الأطلسي في أقصى الشمال وحتى أقصى الجنوب، ثم يدور حول الطرف الجنوبي لإفريقيا، ثم يتجه نحو الشمال في غرب المحيط الهندي.

4- **النطاق الثانوي الرابع:** ويمتد في شرق إفريقيا على طول الوادي الانكساري العظيم.

5- **النشاط البركاني: (Volcanic Activity) :**

المقصود بالبراكين هو خروج المواد المعدنية المنصهرة أو الصلبة أو الغازية من باطن الأرض، أو من طبقات القشرة الأرضية وبدرجات حرارة عالية إلى سطح الأرض، نتيجة لحدوث تغييرات وحركات أرضية من أي نوع، وقد تكون المواد الخارجة مصحوبة بانفجارات عنيفة، أو تكون بصورة انسيابية هادئة.

وتعد البراكين من الظواهر الطبيعية التي كانت وما زالت تحدث في أماكن مختلفة من العالم، وأسباب ثوران البراكين ناتجة عن قوى وتغيرات معينة تحدث في فترة الأرض أو تحتها، وخاصة زيادة الضغط الواقع عليها في بعض المواضع وقلته في مواضع أخرى مما يؤدي إلى انصهارها ثم اندفاعها إلى الأعلى بتأثير الضغط الذي تتعرض له للتراكم بشكل مخروط من اللافا حول فتحة البركان. ومن المعروف أن النشاط البركاني هو المسئول عن بناء الهضاب والجبال

البركانية التي توجد في جهات كثيرة فوق اليابس وفوق قاع المحيطات. وكما هو الحال في الزلازل فإن البراكين كانت أكثر حدوثاً خلال العصور الجيولوجية المختلفة منها في الوقت الحاضر، تبعاً لما كانت عليه طبيعة الأرض من عدم استقرار، ومع ذلك فإن النشاط البركاني ما زال يحدث في وقتنا الحاضر في أماكن مختلفة من العالم ولكن أقل حدوثاً وأوطأ شدة.

الصفات الرئيسة للبراكين:

تمتاز البراكين بشكلها المخروطي، الذي ينتج عن تراكم المواد المنصهرة والمنتفعة من فتحات البراكين الواقعة على سطح الأرض، مكونة تلاً مخروطي المظهر. والمخروط البركاني له عدة أجزاء أهمها:

1. القصبة (Conduit): تمثل القناة التي تخرج عن طريقها الماجما المنصهرة وغيرها من المواد البركانية بشكل مواد مندفعة من باطن الأرض نحو سطحها. ويكون مقطع هذه القصبة غالباً دائري الشكل، وأشبه بالاسطوانة أو الأنبوب الطويل المتسع، ويزداد طول القناة كلما ازداد ارتفاع تراكم المواد البركانية حول فتحة القصبة في الأعلى باتجاه رأسي، وقد يتواجد عدد آخر من الفتحات الجانبية للقصبة بعد توقف ثوران البركان، وتصلب اللافا في القصبة الرئيسة، وعند عودة البركان للثوران فإن المواد المندفعة قد تضطر إلى شق طريق آخر أو أكثر في جانب المخروط، لغرض إخراج المواد المندفعة الناتجة عن ثوران البركان.

2. عنق البركان (Volcamic Neek): ويمثله كتلة صخرية شديدة الصلابة، تظهر بارزة في أعلى بعض المخروطات البركانية القديمة، وتكون جزءاً من القصبة البركانية والتي تتكون من اللافا المتصلبة بعد إزالة المخروط من حولها، بواسطة عوامل التجوية والتعرية.

3. **الفوهة (Vent):** هي فتحة البركان وتمثل الطرف العلوي للقصبة.

4. **القمع (Craten):** يمثل الحوض المخروطي الصغير، الـذي يبـدأ في الفوهـة ويتبـع في الاتجاه الأعلى ليكون قمة البركن.

5. **المخروط (Cone):** هو عبارة عن جسم البركان نفسه والذي يعرف بالبركان، أو الجبـل البركاني، وقد يكون هذا البركان بسيطاً غالباً، أو قـد يعمـل مخاريطـة جانبيـة واحـدة أو أكـثر صغيرة الحجم، وبذلك يطلق عليه اسم المخروط المركب (Compoisle Cone) .

وقد تختلف المخروطات البركانية بعضها عن بعضها الآخر، فمنهـا الكبـيرة الحجـم ذات الارتفاعات العالية والتي قد تصل إلى أكثر من خمسة آلاف متر، ومنها الصغيرة الحجم والتي لا يزيد ارتفاعها عن مئة متر .. أنظر الشكل رقم (13)، والذي يمثل الأشكال البركانية المختلفة.

شكل (13) أشكال من البراكين

وللبراكين أشكال مختلفة أهمها:

أ- الكالديرا: (Caldera): هو مخروط بركاني ذو قمة، تتصف بأنها على شكل حوض كبير ومتسع وشديد الانحدار في جوانبه، ويرجع تكون شكل الحوض واتساع جوانبه إلى الفعل الشديد لعوامل التعرية والتجوية، وعموماً فإن هذه الأحواض قد تتواجد فوق المخروطات البركانية القديمة الخامدة إضافة إلى بعض المخروطات الحديثة بعد هدوئها وعند سقوط الأمطار بشكل كثيف، فإن الكوالديرا قد تتحول إلى بحيرات بركانية ذات جوانب شديدة الانحدار، وأحسن مثل على ذلك بحيرة أسوا (ASO) اليابانية التي يبلغ قطرها حوالي (22) كم.

ب- مخروط اللافا الحمضي (ACIDIE COMA) :

هي المخروطات البركانية التي تتكون في اللافا الحمضية التي تدخل السليكا في تركيبها بنسبة كبيرة، وتكون هذه اللافا ثقيلة ولزجة وتتحرك ببطء شديد، وسرعان ما تتصلب عند ملامستها للهواء الخارجي على السطح، فتكون بذلك مخروطات مرتفعة لكنها صغيرة المساحة، وغالباً ما يكون شكلها شبيه بالقباب، ومن أمثلتها البراكين الموجودة في هضبة بوهيميا وفي جزر ري بنيون الواقعة في المحيط الهادي، والآفا الحامضية تتكون أساساً من مواد جراتينية، وبذلك تكون ألوانها فاتحة ومائلة إلى البياض أو الاحمرار الفاتح.

جـ- مخروط اللافا القاعدي (BASIC COMA) :

هي المخروطات التي تحوي اللافا المكونة من لها على مواد قاعدية، حيث تدخل السليكا بنسبة قليلة إذا ما قورنت باللافا الحمضية، تتكون أساساً من مواد بازلتية ذات الألوان الداكنة والمائلة إلى السواد، وتتصف اللافا القاعدية

بأنها أكثر سيولة، وتنساب إلى مسافات كبيرة قبل أن تتصلب، وبذلك فإن مخروطاتها تكون قليلة الارتفاع، وتغطي مساحات واسعة أكثر من مناطق اللافا الحمضية، ومن أمثلتها معظم المخروطات البركانية في جزر هاواي.

المقذوفات البركانية:

إضافة إلى اللافا السائلة، فإن هناك مواد أخرى يمكن أن تنطلق من فوهات البراكين، ومنها مواد صلبة وغازية. ومن أهم المقذوفات الصلبة:

- **البريشيا البركانية:** هي قطع صخرية ذات زوايا وجوانب حادة، ناجمة عن تكسر الصخور الموجودة في فوهة البركان قبل ثوراته.

- **القذائف البركانية:** هي التي تنطلق من فوهات البراكين، وتتمثل بكونها كرات ملساء شبيهة بالكمثرى، وهي عبارة عن قطع من اللافا المنصهرة والمنطلقة في الجو وتتصلب قبل وصولها إلى الأرض.

- **الجمرات أو اللاب:** هي مقذوفات بركانية صغيرة الحجم تتناثر في الهواء.

- **الرماد البركاني:** وهو عبارة عن حبات حصرية أصغر حجماً من الجمرات، وتنطلق من فوهات البراكين، وتتراكم فوق المخروط البركاني أو حوله، حيث تنتشر بمساحات واسعة.

- **الغبار البركاني:** ويشمل أدق المواد المنطلقة من البركان، ويبقى عالقاً بالهواء لمدة طويلة وتحملها الرياح إلى مسافات بعيدة نظراً لخفتها.

- **المقذوفات البركانية الغازية:** فهي كثيرة وأهمها بخار الماء وبعض الغازات، مثل الكبريت والكلور والهيدروجين وثاني أكسيد الكربون، ويحتل

بخار الماء حوالي (75 – 95%) من مجموع الغازات التي تخرج من البركان، وهذا يفسر انهمار الأمطار الغزيرة في منطقة البركان عند ثورانه، أما الهيدروجين فإنه يختلط مع الأوكسجين الهواء، ليشغل فجأة، مكوناً اللهب الذي يشاهد فوق فوهة البركان.

التوزيع الجغرافي للبراكين:

من أهم النطاقات البركانية الموجودة في العالم هي تلك التي تمتد حول المحيط الهادي، وتسمى بالحلقة النارلاية وتتواجد في هذه النطاقات حوالي (88%) من براكين العالم، ويمتد هذا النطاق من جنوب قارة أمريكا الجنوبية وعلى طول جبال الأنديز، ثم أمريكا الوسطى والشمالية، وبشكل خاص جبال روكي، ويستمر حتى آلاسكا ويمتد إلى جزر الوشيان والجزر اليابانية والفلبين.

وهناك نطاق آخر يمتد من الجزء الأندونيسية وحتى نيوزلندة، وكذلك هناك نطاق آخر يمتد من الشرق إلى الغرب من جنوب آسيا وأوروبا.

وتعد مجموعة البراكين في جنوب إيطاليا وبراكين إيران وأفغانستان والقوقاز من البراكين، التي تخرج منها بعض الغازات الكبريتية والحمم البركانية في أوقات متفرقة، وتتمثل هذه البراكين بأنها من أشهر براكين العالم حالياً.

إضافة على ما تقدم فإن عدد البراكين الموجودة في جزر الهند الغربية، وفي أيسلندا وفي جزر الأزور والرأس الأخضر والكناريا، قد خمدت في الوقت الحاضر، لكنها قد تنشط في أي وقت وأن بعضها ما زالت تبدو عليها مظاهر النشاط خاصة في جزر الهند الغربية.

ثانياً: العوامل الخارجية التي تساهم في تشكيل سطح الأرض:

تختلف العوامل الخارجية عن العوامل الباطنية الداخلية (التكتونية)، بأنها ليست لها علاقة بحركات باطن الأرض، أو حركات القشرة الأرضية، بل ترتبط بالظروف الخارجية التي تحدث فوق سطح الأرض، ومن أهمها ظروف المناخ والمياه الجارية والتغييرات الكيماوية والميكانيكية التي تحدث على سطح الأرض، فكل هذه العوامل المتنوعة قد تؤثر بشكل أو بآخر في الصخور المتواجدة على سطح الأرض وبالتالي فإن المظهر الجيومورفولوجي لأي منطقة من المناطق يعد نتيجة تداخل وتضافر مجموعة معقدة من العوامل الباطنية والخارجية على حد سواء.

ويمكن حصر العمليات التي تقوم بها العوامل الخارجية في تشكيل سطح الأرض بمجموعتين رئيستين هما:

1. عمليات التجوية (WEATHERING) :

وهي العمليات التي تقوم بتفكيك الصخور وتفتيتها، أو تحللها مع بقائها في أماكنها.

2. عمليات التعرية (EROSIAM) :

وهي العمليات التي تؤدي إلى النحت والهدم، ثم نقل المواد المفتتة إلى أماكن أخرى بواسطة عوامل النقل المختلفة، مثل الرياح أو المياه أو الجليد ... وغيرها، وتنتهي بعمليات الإرساب والبناء في مناطق جديدة أخرى.

أولاً: التجوية:

وهي عمليات تفكك الصخور على سطح الأرض، أو تفتتها أو تحولها في موضعها دون تغيير موضع المواد المفككة أو المتحللة أو المفتتة، وهناك نوعان من التجوية:

أ- **التجوية الميكانيكية أو الطبيعية**: حيث تنقشر أسطح الصخور وتتفكك بفضل اختلاف درجات الحرارة أو الصقيع أو الأحياء الأرضية، وبالتالي فإنها تتعرض لعمليات التعرية، وهكذا تستمر عمليات التقشر أو التفتت، ثم تأتي بعدها عمليات التعرية لأسطح الصخور الجديدة.

ب- **التجوية الكيماوية**: وتشمل عمليات تحلل مركبات الصخور المعدنية وإذابتها، بفعل الرطوبة الجوية وما تحتويه من ثاني أكسيد الكربون والأكسجين، وقد يحدث تأكسد للمعادن المختلفة من الأكسجين لتكوين أكاسيد.

ومن النادر تأثير نوع واحد من أنواع التجوية (التجوية الطبيعية والكيماوية) على صخور القشرة الأرضية، إذ إنهما يعملان معاً، وقد تكون السيادة لأحد هذه العوامل على الآخر، وبالتالي يكون تأثيره أكبر وأوضح من الآخر، ويتوقف ذلك على مدى توافر الظروف الملائمة لأي منها في البيئات المختلفة. وهناك عدد من العوامل تتحكم في عمليات التجوية، وهذه العوامل كثيرة ومتداخلة ولا يمكن فصلها بعضها عن بعضها الآخر. ويمكن أن نقسم العوامل التي تؤثر على التجوية إلى أربعة أقسام هي:

1. التركيب الصخري:

إن التركيب المعدني والكيماوي للصخور وحجم الحبيبات، تؤثر بشكل كبير على عمليات التجوية، فهناك صخور تتأثر معادنها بشكل سريع بعمليات التجوية وصخور أخرى لا تكاد تتأثر بها، فالصخور القاعدية مثلاً أكثر تأثراً من الصخور الحامضية والصخور ذات النسيج الخشن تكون أكثر تأثراً من الصخور ذات النسيج الناعم بعمليات التجوية.

2. العوامل المناخية:

تعد الحرارة والرطوبة العاملين المهمين، اللذين يحددان نوع التجوية السائدة في أي منطقة من مناطق العالم، وقد لوحظ بشكل عام أن التجوية الميكانيكية تسود الأقاليم الباردة والجافة، في حين تسود التجوية الكيماوية في الأقاليم الرطبة الحارة منها والباردة.

3. طبوغرافية سطح الأرض:

يحدد هذا العامل سعة السطح المعرض للتجوية، لأنه يتحكم بتوزيع الأمطار وتصريف المياه وتوزيع الكائنات الحية عليه.

4. العوامل الحيوية:

ويكون لهذه العوامل الحيوية النباتية منها والحيوانية، دور مهم في عمليات التجوية الميكانيكية والكيماوية من خلال عمليات تفكيك وتفتيت الصخور أولاً، ومن ثم إضافة بعض الأملاح والحوامض إلى الصخور المفككة والمفتتة، وهذا يساعد بدوره على إذابة بعض العناصر المعدنية الموجودة في الصخور ما يؤدي إلى تحللها.

ومن النتائج المهمة لعمليات التجوية هو تكوين التربة وقطاعاتها المختلفة، وبذلك تشكل مظهراً مهماً من المظاهر الجغرافية لسطح الأرض، وكذلك تعد أيضاً عاملاً مساعداً للتعرية من خلال تسهيل نحت الصخور، ونقل المواد المفتتة بواسطة عوامل التعرية، ما يؤدي إلى كشف أسطح جديدة لتقوم التجوية بتفكيكها من جديد.

ثانياً التعرية:

التعرية بمفهومها العام هي: كشف الصخور ونحتها، ثم نقل موادها من أماكن حدوثها على مناطق جديدة ثم إرسالها لهذه المناطق، والتعرية هي عكس التجوية التي لا تتضمن تحريك، أو نقل المواد التي تنتج عنها، ولفهم عمليات التعرية جيداً فإنها تقوم بعمليتين متعارضتين، إحداهما النحت والكشف، ثم الهدم بعدها يتم نقل المواد الناتجة، ثم تبدأ العملية الثانية التي تتضمن البناء بواسطة إرساب المواد المنقولة إلى أماكن جديدة.

أهم عوامل التعرية هي الآتي:

أ- الرياح:

تعد الرياح من العوامل المناخية الرئيسة التي تسبب تفتيت الصخور ونقلها إلى أماكن ترسيبها، ويكون تأثير هذا العامل مهماً جداً خاصة في المناطق الصحراوية وشبه الصحراوية، ذات الغطاء النباتي القليل إلى القليل جداً، ويكون مفعول الرياح واضحاً في تشكيل سطح الأرض، حيث يتضمن العمليات الآتية:

1. النحت (Abrasion) .

2. الصقل (Attralion) .

3. التذرية والنقل (Deflation) .

4. الإرساب (Depositon) .

ومن أشهر الأشكال الجيومورفولوجية الناتجة عـن فعـل الريـاح، هـي تشـكيل الكهـوف الجبلية والسيوف والمنخفضات الصحراوية، إضافة إلى بحـور الرمـال والكثبـان الرمليـة والتـي تأخذ غالباً أشكالاً هلالية وأحياناً طولية.

ب- المياه الجارية:

هي من العوامل الرئيسة والمهمة لحدوث التعرية، وقد يفوق تأثيرها حتى عامل الريـاح، حيث إنها تعمل في جميع الأقاليم حتى الجافة منها، ولأنها كذلك ذات قدرة كبيرة على النحت والنقل، وقد يعكس ذلك كثرة الوديان وضخامتها واتساع السهول الفيضية الناتجة من عمليات الإرساب وغيرها من أشكال سطح الأرض. ولكون الأمطار هـي المصـدر الرئيس لكـل الميـاه الجارية، إلا أن لها دور مهم وكبير في تشكيل سطح الأرض في الأقاليم المطيرة أكثر من غيرها.

وبصورة عامة فإن المياه الجارية تنتج عنها ثلاث عمليات رئيسة أهمها التعرية من خلال نحت المياه للصخور، وكشف مجاريها، وكذلك تقوم المياه بنقل المفتتـات الصخرية، ومـن ثـم عمليات الإرساب عندما لا تتمكن المياه من حمل هذه المفتتات لمسافات أخرى.

جـ- مياه البحر:

تعد أمواج البحار وحركات المد والجزر والتيارات البحرية من عوامل التعرية والإرساب المهمة، والتي لها دور فاعل في تشكيل شواطئ البحار، فعندما تضرب الأمواج الشواطئ فإنها تعمل على تشقق الصخور، ومن ثم تفتيتها وحملها بواسطة الأمواج، وهي منسحبة باتجاه البحر لتعيد إرسابها بالتدريج في شواطئ قارية أخرى.

ومن أهم الأشكال الجيومورفولوجية التي تنتج عن حركات مياه البحار، هي الجروف والكهوف الساحلية والمسلات والأقواس البحرية والشواطئ الرملية والحصوية.

د- الجليد:

يعد زحف الجليد من العوامل المهمة التي كان لها دور أساس في تشكيل سطح الأرض، خاصة خلال العصر الجيولوجي المسمى البليستوسين، ولا تزال آثار التعرية الجليدية ظاهرة حتى يومنا الحاضر في كثير من مناطق الأقاليم المعتدلة أو الحارة، ممثلة ببعض عمليات التعرية والإرساب، وينتج عنها بعض المظاهر الجيومورفولوجية في جنوب إفريقيا أو أستراليا والهند، وكذلك وسط وشمال أوروبا ووسط أمريكا الشمالية وشمالها، وأهم هذه المظاهر هي الوديان الجليدية والوديان المعلقة والحلبات الجليدية والبحيرات الجليدية ... وغيرها.

المبحث السادس: الأشكال التضاريسية الرئيسة على سطح الأرض:

تقع الأنهار والوديان بمختلف أشكالها ضمن مظاهر التضاريس الرئيسة الموجودة على سطح الأرض، وبما أننا قد سبق وذكرناها في بحث سابق، فإننا سوف نتكلم عن بقية المظاهر التضاريسية الأخرى والتي هي:

1. السهول (Plains) :

وتعني الأراضي التي يغلب عليها الاستواء، وتكون قليلة الانحدار وذات ارتفاعات بسيطة ومعتدلة، وقد تكون ذات ارتفاعات عالية عن سطح البحر، أو بمستوى سطح البحر، إضافة إلى أن بعضها تام الاستواء ويكون بعضها الآخر كثير المنخفضات وتلال والوديان، لكن يشترط فيها عدم وجود المنحدرات الشديدة والمرتفعات الكبيرة، وبصورة عامة، فإن أراضي السهول تمتاز بكونها أصلح الأراضي للاستغلال الزراعي، بشرط توفر المتطلبات الأخرى من مناخ ملائم لهذا النوع من الاستخدام، كما أن السهول أصلح المناطق للنمو الحضري والتجمعات السكانية.

وهناك أنواع متعددة من السهول، فمنها ما هو متكون نتيجة لعمليات النحت، أو قد تتكون نتيجة لعمليات الإرساب، وقد تتدخل حركات القشرة في تكوين بعض السهول أو تطورها مثل (السهول الساحلية الحديثة)، ومن الأمثلة الشائعة للسهول المتكونة بسبب النحت، هي السهول التحاتية الكبيرة، وسهول أقدام الجبال، وسهول النحت البحري وسهول النحت الجليدي ... وغيرها، أما السهول الناشئة بسبب الإرساب، فتتمثل بسهول رواسب المياه

الجارية (السهول الفيضية والدلتاوات)، وسهول الإرساب الجليدي، وسهول الإرساب الهوائي (السهول الرملية واللويس Loess).

2. الهضاب (Plateaus) :

هي الأراضي التي تمتاز بشدة انحدار جوانبها، أو حافاتها التي تكونت بفعل عمليات النحت النهري، أو النحت البحري أو التصدع، وكنتيجة لتواجد نشاط الأنهار في الهضاب، فإنها قد تؤدي على ظهور وديان تمتاز بشدة عمقها وضيقها، وشدة انحدار جوانبها، وتظهر كأخاديد وخوانق عميقة، علماً بأن كثيراً من الهضاب كانت عبارة عن سهول ارتفعت وتقطع سطحها بالوديان العميقة والتصدع فتحول مظهرها إلى هضاب؟

وهناك أنواع متعددة من الهضاب قسمت حسب المسبب الذي أدى إلى ظهورها وإلى صفات حافاتها، فمنها الهضاب الصدعية، والتي تمتاز حافاتها بأنها ظهرت على امتداد صدوع في القشرة الأرضية، وكذلك هناك هضاب اللافا، والتي تكونت نتيجة تراكم كميات ضخمة من اللافا البركانية، حيث ظهرت على السطح من شقوق في القشرة الأرضية، وغطت مساحات شاسعة من الأراضي بطبقة قد يزيد سمكها عن ألف متر، إضافة إلى الهضاب التي تكونت وارتفعت بسبب الحركات التكتونية للقشرة الأرضية.

3. الجبال (Mountain) :

هي المرتفعات التي تبرز فوق الأرض لمئات أو آلاف الكيلومترات، وتكون ذات جوانب شديدة الانحدار، وهي بذلك تتشابه مع التلال التي لا يزيد ارتفاعها عن بضع عشرات من الأمتار، علماً بأن معظم الجبال الكبرى لا تزيد درجة انحدار جوانبها (وخاصة عند قممها) عن (35%)، وذلك بتآكلها ونشاط

عوامل التجوية والتعرية، وقد يرجع سبب نشأة الجبال إلى الحركات الانثنائية التي تعرضت لها القشرة الأرضية خلال العصور الجيولوجية المختلفة، إضافة إلى النشاط البركاني الذي له دور مهم في ظهور الجبال، وفي كثير من الأحيان تتواجد الجبال على شكل سلاسل ممتدة بخط واحد، حيث تكون هذه الجبال متجانسة في أشكالها وعمرها وتركيبها الجيولوجي.

4. البحيرات (Lakes) :

هي عبارة عن أحواض أو منخفضات طبيعية تتجمع فيها المياه، وتختلف فيما بينها في الاتساع والعمق والعمر، فقد تكون هذه البحيرات صغيرة جداً لا يتجاوز قطرها عدة أمتار، وقد تكون كبيرة حيث يصل قطرها إلى مئات الكيلومترات، وقد تكون ضحلة وممتلئة بالماء في فصل الأمطار وجافة في فصل الجفاف، في حين تظهر بعض البحيرات ممتلئة بالماء بشكل دائم ومتشبهة بالبحار العميقة، وقد تجف البحيرات بشكل كامل بسبب التبخر الشديد للمياه، أو بسبب الإرساب المستمر، وأحياناً بسبب مرور نهر في وسطها، حيث يعمل كمصرف لمياه البحيرة بعد انخفاض عمق النهر ومستوى المياه فيه.

تنشأ الأحواض الطبيعية للبحيرات عندما ينسد مجرى وادي نهري، لأي سبب من الأسباب (مثل الانهيارات الأرضية أو تراكم للرواسب .. وغيرها)، أو قد تتكون البحيرات بسبب النحت الجليدي أو المائي لسطح الأرض، وكذلك، انهيار أسقف الكهوف في المناطق الكارستية، أما في المناطق الصحراوية فقد يكون للتجوية والتعرية الهوائية دوراً هاماً في نشأة البحيرات، وفي المناطق السهلية الشاسعة قد يؤدي إلى انقطاع إحدى ثنيات النهر الموجود في هذه المناطق إلى تكوين بحيرة مقتطعة.

وقد تحتوي البحيرات مياه كثيرة، حيث يعتمد ذلك على كثرة الأمطار في الأقاليم المطيرة، أما في المناطق الجافة، فإن المياه في البحيرات قليلة أو موسمية وأغلبها مالحة، إلا أن نسبة الأملاح ونوعيتها تختلف حسب طبيعة تكوينات مناطقها وكمية مياه البحيرات وإمكانات تجديدها.

الفصل الثاني

المـيـاه

الفصل الثاني

المياه

تعد المياه العصب الأساس للإنسان وسائر الكائنات الحية الأخرى، من الموارد الطبيعية المهمة والموجودة في كل مكان، فهو موجود داخل اليابس وعلى سطح الأرض، وفي الغلاف الجوي، وكذلك فإنه يمثل النسبة الكبيرة من وزن أجسام الكائنات الحية.

وتغطي المياه غالبية سطح الكرة الأرضية بالمحيطات والبحار، إضافة إلى المياه الجارية والبحيرات والمستنقعات والمياه الجوفية، كذلك الأماكن المغطاة بالثلوج وبخار الماء الموجود في الجو.

وتقدر نسبة المياه في البحار والمحيطات حوالي (86.5%) من مجموع مياه الكرة الأرضية، أما المياه الجوفية فتبلغ نسبتها حوالي (12.2%)، وتحتل المياه المتجمدة الموجودة في المناطق القطبية وبعد قمم الجبال بما يقدر بـ (1.3%) من حجم المياه في الكون والباقي متمثل في (0.001%)، فهو نسبة ما موجود في مياه الغلاف الجوي.

وقد أظهرت بعض الدراسات أن مجموع مياه الكرة الأرضية حي بحدود (2000) مليون كيلومتر مكعب، موزعة على البحار والمحيطات التي تغطي حوالي (1370) مليون كيلومتر مكعب، و (24) مليون كيلومتر مكعب تشكل مياه اليابسة، أما المياه المتجمدة القطبية فهي بحدود (23) مليون كيلومتر مكعب من المياه وتحتل مياه الغلاف الغازي حوالي (13) مليون كيلومتر مكعب. أما المياه الجوفية فهي بحدود (400) مليون كيلومتر مكعب موجودة

على عمق (16) كيلومتر من سطح الأرض، وبحدود (600) كيلومتر مكعب من المياه موجودة في أعماق الأرض على بعد (60) كيلومتر، ومن جميع هذه المياه يتبخـر سـنوياً مـا يقـرب مـن (518.6) كيلومتر مكعب، أي حوالي (0.037%) من مجموع مياه الكرة الأرضية التي ترجع مرة ثانية إلى سطح الأرض على شكل تساقط بأنواعه المختلفة.

المبحث الأول: توزيع اليابس والماء:

منذ قديم كانت مشكلة توزيع اليابس والماء قد شغلت كثيراً من المفكرين، إذ أنهم كانوا يعتقدون أن اليابس قد احتل الجزء الأكبر من الكرة الأرضية، والماء يحتل الجزء الأقـل، في حـين أعتقد آخرون، وبعد فترة من الزمن أن مساحة اليابس تسـاوي مساحة المـاء في نصفي الكـرة الشمالي والجنوبي، وقد أثبتت الدراسات في القرون الأخيرة أن المياه تحتل المساحة الأكبر مـن اليابس، وكانت آخر التقارير تفيـد بـأن المياه تحتل مـا نسبته (70.8%، أما البـاقي فيحتلـه اليابس، والتي قدرت نسبتها بحوالي (29.2%) من مجمل مساحة الكرة الأرضية، وقد احتل الماء ما نسبته (60.7) في نصف الكرة الشمالي، و (80.9) في النصف الجنـوبي، حيث وجد بـأن (43%) من بحار العالم ومحيطاته تقع ضمن نصف الكرة الشمالي، (57%) في نصفها الجنـوبي، أما اليابس فإنه يتركز في نصف الكـرة الشمالي بنسبة (75%)، خاصـة حول المحيط المتجمـد الشمالي وبنسبة (25%) يتواجد اليابس في نصف الكرة الجنوبي.

ويقسم اليابس إلى كتـل قاريـة كبيـرة هـي أوراسيا (أوروبـا وآسـيا)، وإفريقيا واستراليا والأمريكتين والقارة القطبية الجنوبية، أما المحيطات فهي المحيط الهادي

والأطلسي والمحيط الهندي، والمحيط المتجمد الشمالي، (والأخير يعد بعضها ضمن البحار لصغر حجمه، علماً بأنه أكبر من أي بحر آخر في المساحة).

وهناك عدد من النظريات التي فسرت تكون المحيطات ومصادر المياه الموجودة فيها.

نظريات تكوين المحيطات والبحار:

1. نظرية شمبرلن (Chamberline) :

هذه النظرية معرفة أيضاً بنظرية الكويكبات، فقد اعتقد هـذا العـالم بـأن الأرض بعد انفصالها عن الشمس نمت وكبرت بصورة تدريجية وبطيئة، وشكلت نواة ذات كثافة عاليـة مكونة كتلة أصلها من الأجرام الصغيرة، والتصقت هـذه الأجرام بواسطة قوى الجاذبيـة مـع بعضها الآخر، إلى أن كبرت لتصبح بحجمها الحالي لكرتنا الأرضية، أمـا الغلاف الجـوي المحيط بالكرة الأرضية، فقد تكون من خلال جذب الأرض للغـازات الموجودة في الغـلاف الغـازي أولاً، ومن الغازات المنبعثة من البراكين ثانياً، وعندما تزايدت كميات بخار المـاء في الجـو، ووصلت على حالة التشبع، بدأت بالتكاثف والتساقط على سطح الأرض عـلى شـكل أمطار، لـتملأ كـل الحفر والتجاويف التي تكونت بسبب البراكين، وعند ازدياد كميات الميـاه المتسـاقطة اتصلت هذه الحفر مع بعضها لتكون أجساماً مائية كبيرة لتنتهي بتكوين المحيطات.

2. نظرية كوبر (Koper) :

اعتمدت هذه النظرية على تأييد نظرية الانكماش، بسبب تبريد باطن الأرض وبـدرجات متفاوتة منذ نشوئها ولحد وقتنا (الحاضر)، ويركز واضع

هذه النظرية على الصلة بين الكتل الصلبة القديمة ومناطق الحركة منها، وهي مناطق الأحواض البحرية الداخلية ومناطق الالتواء، وكذلك تفترض هذه النظرية اختفاء كتل نارية عظيمة عن طريق الهبوط والإغراق، مكونة المحيطات، كالأطلسي، والهندي، والهادي.

3. نظرية جيفريز (Jeffreys) :

يعد جيفريز من أكبر أنصار نظرية انكماش الأرض، بسبب انخفاض حرارة باطن الأرض، فتنكمش ويصغر حجمها، أما القشرة الباردة فتبقى ثابتة الحجم، ما يؤدي إلى نشوء فراغ بين الباطن المستمر بالتقلص والقشرة الخارجية الثابتة، وهذا ما لا تسمح به قوة الجاذبية، ما يؤدي على التواء أو انبعاج القشرة نحو الداخل وتجعدها، وبذلك تظهر ارتفاعات تمثل القارات، أما المناطق الهابطة فتشمل البحار والمحيطات.

5. نظرية فيجنر (Wegener) :

تؤكد هذه النظرية على وجود تزحزح للكتل القارية، والتي ما زالت مستمرة، وأن اليابس كله كان في العصر الفحمي في كتلة سيالية عظيمة، سماها العالم فيجنر بقارة بانجايا (Pangaea)، ويحيط بهذه القارة محيط شاسع يرتكز على طبقة من السيما (Sima)، وقد بدأ انشطار قارة بنجايا بعد العصر الفحمي إلى أجزاء تتحرك ببطء شديد إلى المواقع التي تشغلها الآن مكونة القارات الحالية.

6. نظرية ديلي (Daly) :

تقر هذه النظرية بانزلاق القارات على أساس قوى الجاذبية الأرضية، التي تعمل على جذب قشرة الأرض، ما يؤدي إلى تحرك الكتل القارية وانزلاقها على عدة مراحل، فترتفع مناطق وتنخفض أخرى مكونة المحيطات.

المبحث الثاني: خصائص مياه البحار والمحيطات:

أ- ملوحة مياه البحار والمحيطات:

تحتوي مياه البحار والمحيطات على نسب ثابتة تقريباً من الأملاح المختلفة في مياهها، وقد تختلف هذه النسب نوعاً ما في بعض البحار الداخلية المتوسطة المحصورة ما بين أراضي القارات القريبة لبعضها. وقد قدرت كميات الأملاح التي تحتويها مياه البحار والمحيطات إذا ما تبخرت هذه المياه بحوالي(2.18×10^{16}) متر مكعب، وهذه الكتلة الملحية تقدر بثلاث أضعاف كتلة أوروبا أو حوالي نصف آسيا، وتحسب درجة ملوحة المياه عادة بمقدار وزن الأملاح التي توجد في (1000 غم) من الماء محسوباً بالفراغات، فمثلاً متوسط درجة الملوحة لمياه البحار والمحيطات تتراوح في معظمها ما بين 33 – 37غم) في الألف غرام من الماء (أو تكتب 0.033- 0.037) غم. وتحتوي مياه البحار والمحيطات على أعداد كبيرة في العناصر الكيماوية، وعلى الرغم من أن تركيز هذه العناصر منخفض نسبياً، لكنها ذات قيمة كبيرة من الناحية الحيوية والاقتصادية، وأن أهـم العناصر الكيماوية الموجودة في مياه البحار والمحيطات هـي: الكلـور، والبرومـين، والكبريـت، والبوتاسيوم، والصوديوم، والكالسيوم، والمغنيسيوم، والذهب، والفضة، والراديوم، إضافة إلى بعـض العناصر الأخرى المغذية للكائنات الحية، كالسليكون،

والنيتروجين، والفسفور، وغيرها، وقد تحتوي بنسب قليلة عناصر الـزرنيخ، والحديد، والمنجنيـز، والنحاس،ـ والتي تدخل ضمن العناصر المغذية.

العوامل المؤثرة على ملوحة مياه البحار والمحيطات:

1. التساقط بأشكاله المختلفـة، فكلـما ازدادت كميـة التسـاقط، كلـما أدى ذلـك إلى انخفاض في درجة ملوحة مياه البحار والمحيطات.

2. مياه الأنهار العذبة التي تصب في البحار والمحيطات، والتي تؤدي إلى تقليل درجـة ملوحتها.

3. انصهار الجليد في البحار الشمالية والجنوبية، والـذي يـؤدي إلى التقليـل مـن درجـة ملوحة مياه البحار والمحيطات التي تتصل بها.

4. التيارات البحرية التي تؤدي في كثير من الأحيان في تخفيف الملوحـة، وخلـط المياه ذات درجات الملوحة القليلة مع المياه المالحة، وبذلك تكون هذه الملوحة غير ثابتة، وتعتمد كثيراً على كميات التبخر.

وبسبب سقوط الأمطار الغزيرة في المناطق الاستوائية مع كثرة الغيوم التي تحجب أشعة الشمس، فإن مياه هذه المناطق تتغير بمعدلات ملوحة تقل عن باقي المناطق البحرية، حتى تكاد تكون عذبة، في حين تتميز بحار المناطق المدارية باحتوائها على نسبة عالية مـن الملوحـة، إضافة إلى وقوعها في مهب الرياح التجارية، ما يؤدي ذلك إلى تعرضها للتبخر الشديد مع قلة وجود الأمطار. وعموماً فإن كمية الأملاح ثابتة تقريباً في مياه البحار والمحيطات هـي بمعدل حوالي (34.33) غم في كل (1000) غم من مياه البحر وتكون (0.035)، أما تـأثير ميـاه الأنهار فيكون واضحاً على بعض الخلجان، مثل خليج المكسيك، إذ تكون الملوحة فيه (0.036) ولكنهـا تنقص في السواحل

الشمالية والغربية بسبب مياه الميسيسبي العذبة، أما مياه المحيط المتجمد الشمالي فتتميز بانخفاض كميات الملوحة فيها، وذلك بسبب قلة التبخر وزيادة التساقط، إضافة إلى انصهار الجليد وكثرة الضباب في أجوائه.

وتؤثر التيارات البحرية على كمية الأملاح في المياه، إذ تكون الملوحة في مياه بعض الخلجان أكثر منها في مياه التيارات البحرية الآتية من القطب الشمالي، وعند ذوبان الثلوج تنخفض أكثر في مياه هذه التيارات.

وقد تصل كمية الأملاح في البحر الأحمر إلى حوالي (0.041) أما في البحر الميت فهي بحدود (0.270)، وكلما زادت درجة ملوحة المياه زادت كثافتها، وحسب نتائج بعض الدراسات فإن مياه البحار والمحيطات التي تبلغ درجة ملوحتها (0.035) تحتوي في كل كيلوجرام واحد من الماء حوالي: (27.2) غم من كلوريد الصوديوم، و (3.8) غم من كلوريد المغنيسيوم، و (1.26) غم من كبريتات الكالسيوم، و (0.86) غم من كبريتات البوتاسيوم، و (0.12) غم من كربونات الكالسيوم، وأقل من (0.1) غم من بروميد المغنيسيوم.

درجة حرارة مياه البحار والمحيطات:

تمتاز المياه بصورة عامة بعدم تغير درجة حرارتها بسرعة حيث إنها تسخن ببطء وتبرد ببطء، وهي بذلك لا تشبه تغيرات درجات الحرارة في الأجسام الصلبة، والتي تتميز بسرعة تغير درجات الحرارة، وقد يرجع سبب ذلك لارتفاع الحرارة النوعية للمياه نسبياً، وهذا يعني أن البحار قد تمتص كميات كبيرة من الحرارة دون أن ترتفع درجة حرارتها ارتفاعاً كبيراً، وبنفس الطريقة

يمكن أن تفقد كميات من حرارتها دون أن تنخفض درجة حرارة المياه انخفاضاً كبيراً، وهي بذلك لا تشبه اليابسة في فقدانها للحرارة بشكل كبير.

وتُعَدُّ درجة حرارة مياه البحار والمحيطات مهمة جداً للدراسات البحرية بشكل عام، وكذلك كمورد طبيعي بشكل خاص، حيث يمكن استغلالها كطاقة مستقبلية، علماً بأن كثيراً من الدراسات اهتمت برصد حرارة المياه السطحية وحرارة الأعماق، لأنها تعد من العوامل الرئيسة التي تؤدي إلى حركة التيارات البحرية، وكذلك معرفة حدودها، وهناك عدة مصادر للحرارة في مياه البحار والمحيطات، ولكن المصدرين الرئيسين هما: حرارة باطن الأرض وحرارة الشمس، فالحرارة المستمدة من باطن الأرض، هي من أهم العوامل الرئيسة في رفع درجة حرارة قيعان المحيطات والبحار، أما الإشعاع الشمسي فيعد أهم مصدر للحرارة، لا سيماً للمياه السطحية في البحار والمحيطات، ولا تتأثر المسطحات المائية جميعاً بنفس الدرجة من الإشعاع الشمسي، إذ أن المناطق الاستوائية تكون أكثر تأثراً من غيرها من المدارات، ويضعف الإشعاع كلما ابتعدنا عن المناطق الاستوائية، حيث يقل تأثيره على المياه، أما طول موجة الأشعة، فهي أيضاً تعد من العوامل المساعدة على زيادة أو نقصان درجات الحرارة في المياه فمن المعروف أن الأشعة الداكنة تمتص من قبل المياه السطحية، ولا تستطيع التوغل إلى الأعماق، أما الأشعة الفاتحة فتستطيع أن تصل إلى أعماق المياه، والتي قد تتجاوز مئات الأمتار، ولكنها لا تصل إلى الأعماق السحيقة بسبب عدم تأثر هذه الأعماق بحركة المياه، لذلك فإن المياه في الأعماق السحيقة تكون دائماً باردة وتتراوح حرارتها ما بين (2 - 4مْ).

إضافة إلى حرارة بـاطن الأرض وأشـعة الشـمس، فإن هنـاك عوامـل أخـرى قـد تـؤثر في درجات حرارة المياه، مثل الثورات البركانية، وتحلل بعض المواد المشعة كالراديوم.

وعموماً فإن مياه البحار تلعب دوراً مهماً في تنظيم الحرارة وفي تلطيف الجـو، كـما أنهـا تساعد في نقل الحرارة من مكان إلى آخر على طول السواحل، فتساعد بذلك على تدفئة بعـض سواحل المناطق الباردة، وعلى تلطيف حرارة سواحل بعض الأقاليم الحارة.

الملامح العامة للبحار والمحيطات:

أولاً: البحار:

تعرف البحار بأنها أجزاء من المحيطات التي تتوغل على داخل اليابسة، والتي تقـع بـين الجزر الموجودة فيها، وقد تعرف بأنها شريط أو نطاق كبير من ماء يحيط بـه اليابس إحاطـة جزئية أو شبه كلية، وهناك تعابير كثيرة تدخل في جزء منها البحار (أعالي البحـار)، التـي تعنـي الأجزاء المشاعة من الغلاف المائي التي لا تتبع أية وحدة سياسية أو دولة معينة، وكذلك (المياه الإقليمية) التي تعني نطاقات من مياه البحر والمحيط التي تخضع لدولة معينـة وسـلطتها السياسية، علماً بأن مسافة المياه الإقليمية تتراوح ما بين (6- 12- 20) ميل من الساحل، وتعـد البحار حديثة النشأة مقارنة بالمحيطات، حيث تعتمد على المحيطات في تنظيم مياهها، وتتأثر كذلك باليابس المجاور لها بسبب موقعها الهامشي.

وتصنف البحار وفق معايير محددة منها:

1. تصنيف البحار وفق موقعها المكاني: وتظهر البحار بعدة تعابير هي:

أ- البحار الداخلية:

هي البحار التي تقع بين القارات أو داخلها، كالبحر المتوسط الـذي يقـع بين وآسيا وإفريقيا أوروبا، فضلاً عن كونه يقع داخل هـذه القارات، وتتميز البحار الداخليـة (داخل القارات بصغر مساحتها وأعماقها القليلة، وتتوغل البحار الداخلية جميعها داخل اليابسة، مثل البحر الأسود، وبحر البلطيق، أما البحر المتوسط فيقـع بشكل منعـزل نسبياً عـن المحيط الأطلسي، ولذلك فإنه يختلف عنه حرارياً وبدرجة تراكـز المـلاح فيه، إذ أنـه يعـد مـن البحار الكبيرة التي تقع بين القارات، مثله كالبحار بين أستراليا وآسيا والبحار الواقعة بين الأمريكتين.

ب-البحار الهامشية:

هي مسطحات مائية صغيرة تقع عند هوامش القـارات والجـزر الكبـيرة، وتتوغل هـذه البحار قليلاً في اليابسة، أو قد تجاورها عند وجود فاصل جزري يفصلها عن المحيط، لذا فإنها تتماثل مع المميزات المحيطة الطبيعية (مثل الكثافة ودرجة الحرارة) والخواص الكيماوية (مثل درجة تركيز الأملاح)، نتيجة لتأثرها بالتيارات المحيطة وموجات المدن، ومـن البحار الهامشـية بحر كارسك، والبحر الكاريبي، وبحر الصين الجنوبي وغيرها.

جـ - بحار ما بين الجزر:

يوجد هذا النوع من البحار ما بين الجزر الصغيرة المنتشرة في المحيطات الكبرى، مثل بحر جاوا، وبحر سولو بين الفلبين، وجزيرة بورنيو، وتتواجد أيضاً

ما بين الجزر المحيطة، مثل بحر كورال، وبحر سيليبس في الفلبين، وبحيرة جاوة في إندونيسيا، وتمتاز هذه البحار باتساع مساحتها وعظم أعماقها مقارنة بالبحار الداخلية.

2. تصنيف البحار وفق درجة ملوحتها:

من المعلوم أن معدل درجة ملوحة مياه البحار والمحيطات حوالي (3.5 أو 0.035)، إلا أن نسبة أملاح مياه البحار والمحيطات لا تظهر بدرجة واحدة، حيث تختلف من بحر إلى آخر ومن محيط لآخر، وعلى ذلك يمكن تصنيف البحار وفق درجة تركيز الأملاح في مياهها إلى الأصناف الآتية:

أ- بحار مالحة:

تزداد نسبة تركيز الملوحة في مياهها على المعدل العام للملوحة، أي أكثر من (0.035)، ومنها البحر الأحمر الذي يحوي على أملاح بتركيز ما بين (0.037 – 0.041)، أما البحر المتوسط ومياه الخليج العربي فيحويان على تراكيز أملاح بحدود (0.037 – 0.039).

ب- بحار معتدلة الملوحة:

هي البحار التي يكون فيها تركيز الملوحة مقارباً إلى (0.035)، مثل البحر الكاريبي، وخليج كاليفورنيا، حيث تتراوح فيهما الملوحة ما بين (0.035 – 0.036).

جـ- بحار قليلة الملوحة:

فيها تنخفض نسبة تركيز الأملاح إلى أقل من (0.035)، مثل بحر الصين (0.025 – 0.035)، وبحر بيرنك (0.028 – 0.032).

د. بحار عذبة:

هي البحار التي تنخفض فيها نسبة تركيز الأملاح بشكل ملحوظ، مثل بحر البلطيق (0.008 – 0.015)، وخليج هدسن (0.08 – 0.015).

3. تصنيف البحار طبقاً لمساحتها:

تختلف البحار حسب صغر أو كبر مساحتها، وعلى ذلك تصنف إلى الأقسام الآتية:

أ. بحار واسعة المساحة: حيث تكون مساحتها كبيرة جداً، مثل البحر المتوسط (3 مليون كم^2).

ب. بحار متوسطة المساحة: مثل بحر أختك (1.6 مليون كم^2)، وبحر اليابان (0.98 مليون كم ^{2}).

ج. جـ- بحار صغيرة المساحة: مثل البحر الأسود (0.423 مليون كم ^{2})، وبحر أزوف (0.038 مليون كم^2).

4. تصنيف البحار على أساس التكوين الجيولوجي:

تصنف البحار حسب تكوينها الجيولوجي الذي تسبب في تكوينها، فمنها ما ينشأ نتيجة لعمليات تكتونية سببت في هبوط القشرة الأرضية وظهور منخفض امتلأ بالمياه، مثل بحر البلطيق وخليج هدسن، وهناك بحار قد تكونت نتيجة للظاهرات الانكسارية التي أصابت القشرة الأرضية، مثل البحر الأحمر.

ثانياً: المحيطات:

تحتل المحيطات النسبة الأكبر من مساحة الكرة الأرضية، حيث تحيط باليابسة من جميع جهاتها تقريباً، عدا المناطق التي تتواجد فيها البحار. ولم تكن المحيطات مفصولة عن بعضها فصلاً تاماً في العصور الجيولوجية المختلفة، بل كانت متصلة من بعضها في نطاقات كبيرة، وبذلك فإن مستوى المياه العام لسطح المحيطات أصبح واحداً، وهذا هو السبب في اختيار هذا المنسوب، ليكون مستوى الصفر الذي يحسب منه كل المرتفعات وكل المنخفضات، وكذلك أصبحت مياهها ذات تركيب واحد تقريباً في كل المناطق (عدا مناطق قليلة لها ظروف خاصة).

إن مياه المحيطات مختلطة مع بعضها على الرغم من معرفة حدود كل محيط منها، حيث تكون محاطة من معظم الجهات بواسطة أرض يابسة، ولتحديد حدود المحيطات المختلفة استعملت خطوط الطول والعرض لفصلها، فمثلاً تم تحديد حدود المحيطات التقريبية في النصف الجنوبي من الكرة الأرضية باستخدام خطوط الطول، وعلى هذا الأساس فإن خط الدول (160) شرقاً يمكن أن يعد حداً تقريبياً بين المحيطين الهندي والهادي، وكذلك خط طول (30) شرقاً، يمكن أن يكون حداً فاصلاً بين المحيطين الهندي والأطلسي، أما خط طول (63) غرباً فهو حد فاصل بين المحيطين الأطلسي والهادي.

المحيط الهادي:

يعد هذا المحيط من أكبر المحيطات مساحة وأكثر عمقاً، فهو يحتل حوالي (51%) من المساحة الكلية للمحيطات، أما متوسط عمقه فيبلغ حوالي

(3940) متراً، وهو بذلك أكبر من متوسط عمق المحيط الأطلسي بحوالي (360 متراً).

إن تواجد الأخاديد البحرية في قاع المحيط الهادي، قد أكسبه صفة أعمق المحيطات حيث إن عمقه قد يصل إلى (11 كيلو متر) عند الجهات الشرقية من جزر الفلبين، وقد تتواجد الأخاديد البحرية بجنب أقواس في الجزر الجبلية في المحيط الهادي حيث يرجع ذلك إلى تعرض بعض مناطقه في عصور جيولوجية حديثة للحركات الانثنائية، والتي ينتج عنها ظهور سلاسل في الجبال المرتفعة مجاورة إلى ثنيات مقعرة شديدة العمق، وقد سميت هذه المناطق باسم الحلقة النارية، والتي هي جزء من نطاق الضعف الجيولوجي.

المحيط الأطلسي:

يتميز هذا المحيط بمساحته الطويلة، حيث يمتد من الشمال إلى الجنوب، وذلك لكونه مفتوحاً من الناحيتين الشمالية والجنوبية بحيث يمكن عد البحر المتجمد الشمالي جزءاً منه وامتداداً له من الناحية الشمالية، أما من الناحية الجنوبية، فهو يمتد إلى خط عرض (70) جنوباً، أي يمتد من أعلى نقطة إلى أسفل نقطة لمسافة تقدر بـ (160) عرضية، ويمتاز هذا المحيط أيضاً بكثرة مياه الأنهار التي تصب فيه، والتي مصدرها الأراضي اليابسة من القارات المحيطة به.

المحيط الهندي:

يمتاز هذا المحيط بأن الجزء الأكبر منه يقع في نصف الكرة الجنوبي، ولذلك فإنه أكثر المحيطات تأثراً باليابسة بسبب وقوعه بين ثلاث قارات مقفلة عليه تقريباً، وهذه القارات هي آسيا التي تحده من جهة الشمال، وإفريقيا التي تقفل عليه تماماً من ناحية الغرب، (حتى خط عرض 35° جنوباً)، أما من ناحية

الشرق فإنه مقفل بصورة تقريبية بواسطة قارة استراليا والجزر الواقعة بينها وبين قارة آسيا، حتى خط عرض (45 ْ) جنوباً.

إن صفة تأثير اليابسة على المحيط الهندي، قد تكون السبب في أن نظام التيارات البحرية ونظام الرياح ينقلبان في نصفه الشمالي انقلاباً تاماً بين الصيف والشتاء. والجدول رقم (3) بين المحيطات الثلاث بالمساحة ومتوسط العمق.

جدول رقم (3) المقارنة بين المحيطات الثلاثاء

المحيط	المساحة (كم2)	متوسط العمق
المحيط الهادي	180 مليون	3940
المحيط الأطلسي	106 مليون	2310
المحيط الهندي	75 مليون	38.40

مجموع مساحة المحيطات حوالي (361) مليون كم2 وهو بذلك يشكل حوالي (51%) من مساحة الكرة الأرضية الكلية علماً بأن مجموع مساحة اليابسة هو (145) مليون كم2.

د. الأهمية الاقتصادية للبحار والمحيطات:

للبحار والمحيطات أهمية كبرى، شملت كل نواحي الحياة كما تعد وموردا طبيعياً بصورة خاصة، حيث إن من المعلوم أن سكان العالم في تزايد مستمر وبشكل كبير، ويتطلب ذلك التفكير الجدي في إعالتهم واكتشاف مصادر جديدة للغذاء، إضافة إلى ما توفره اليابسة، وقد اتجه الإنسان إلى المسطحات المائية أيضاً حيث تتوفر ثروات هائلة ومتنوعة فيها، وهي تشبه موارد اليابسة

من حيث إن بعض هذه المواد متجددة والأخرى منتهية، فالمياه العذبة والطعام مثلاً هما من الموارد المتجددة، والبترول الذي شارف في أماكن كثيرة من اليابسة على الانتهاء، وهو بذلك من الموارد غير المتجددة، أما في البحار والمحيطات فإن البترول بدأ إنتاجه فعلاً وبكميات كبيرة من حقول الرف القاري في أواخر أربعينيات القرن العشرين، خاصة في الولايات المتحدة الأمريكية، وبدأ أيضاً إنتاجه من حقول في الوطن العربي بداية تسعينيات القرن العشرين، تعد الرفوف القارية في وقتنا الحاضر من أهم مناطق إنتاج البترول من المسطحات المائية في العالم، كما هو في بحر الشمال والخليج العربي.

ومن الموارد الاقتصادية الطبيعية المهمة لحياة الإنسان حاضراً ومستقبلاً هو الآتي:

1- مصائد الأسماك:

على الرغم من كل ما حصل من تقدم علمي في الزيادة الهائلة جداً في إنتاج اللحوم على اليابسة، فقد قابلها زيادة طفيفة جداً في إنتاج اللحوم من المسطحات المائية حيث أنشأت بعض الحقول المائية لإنتاج بعض الأسماك، التي قد تسد جزءاً من الحاجة البشرية الكبيرة للبروتين الحيواني، إضافة إلى ما توفره الأنهار ومياه البحار والمحيطات من أسماك مختلفة والحجوم الغنية بالعناصر الغذائية الجيدة للإنسان، فالأسماك تؤمن حوالي (3%) من الاستهلاك البشري العام من البروتين وما يقارب من (10%) من البروتين، الحيواني. وكان السمك وما زال يمثل لكثير من الشعوب المورد البروتيني الأساس في طعامها، وإن الإنتاج العالمي للأسماك بشكل عام من المناطق الساحلية، التي تتمتع كثير من الدول بسواحل مطلة على المياه الإقليمية لبعض البحار والمحيطات، إضافة

إلى المياه الدولية، وتعد مياه المحيط الأطلسي والأصقاع الاستوائية من المناطق الغنية بالأسماك لتوافر الغذاء اللازم لنموها منه.

وعلى الرغم من الاصطياد المستمر للأسماك، إلا أن كمية إنتاجها قليلة نسبة إلى المتوفر من الأسماك في المياه. ويعتقد الكثير من خبراء الصيد بإمكانية مضاعفة إنتاج اصطياد أنواع جديدة من الأسماك مستقبلاً، وكذلك تطوير طرائق الصيد العلمية، والابتعاد عن الصيد العشوائي بالطرق البدائية التي تعتمد على أسلوب القنص والجمع، إضافة إلى إمكانية استغلال المحيطات بإنشاء حقول لتربية الأسماك، وتسمينها من أجل الاستهلاك والصناعة.

2. المياه العذبة من المسطحات المائية:

نظراً لوفرة مياه البحار والمحيطات وتجددها باستمرار، وعدم استنزافها من قبل الإنسان، فإن هذه المياه تستطيع أن توفر وبشكل دائم المياه العذبة المستعملة للشرب والاستعمال المنزلي والصناعي، فتحلية مياه البحر أو المحيط، أصبحت في هذه الأيام من المرافق المهمة والحيوية، لتزويد المياه في كثير من المدن والدول الواقعة على سواحل البحار والمحيطات، في المناطق الجافة بشكل خاص، والتي تفتقر إلى مياه الأنهار الصالحة للشرب والخالية من الأملاح، وتستعمل كثير من دول العالم (ومن ضمنها دول الخليج العربي وبعض مدن شمال إفريقيا الساحلية) المياه المحلاة الخالية من الأملاح للأغراض المنزلية المختلفة، فضلاً عن أن هناك أعداداً كبيرة من دول العالم تستخدم مياه البحار والمحيطات في الصناعة.

3- استخراج بعض المعادن الاقتصادية من البحار والمحيطات:

توفر مياه البحار والمحيطات بشكل دائم، الأملاح الناتجة من عمليات تقطير هذه المياه لإنتاج المياه المحلاة، والاستفادة من هذه الأملاح للاستعمالات المختلفة، إضافة لاستخراج حوالي (30%) من كلوريد الصوديوم (ملح الطعام)، في مياه البحار والمحيطات المحجوزة في ممالح خاصة، أو منخفضات تستغل الطاقة الشمسية في تبخير المياه، ومعالجة الأملاح لتفتيتها لأغراض الاستعمالات البشرية والصناعية، كما يمكن استخراج حوالي (61%) من معدن المغنيسيوم الخفيف الوزن وحوالي (70%) من البرومين الذي يستعمل في مكائن الاحتراق الداخلي من مياه البحر.

وهناك معادن كثيرة أخرى ذائبة في مياه البحار والمحيطات وبكميات كبيرة، ولكن يصعب استخلاصها من المياه في الوقت الحاضر بسبب تكاليف هذه العملية الباهظة الثمن، خاصة إلى ما علمنا أن هذه المعادن منتشرة، في مساحات كبيرة من مياه البحار والمحيطات ويصعب جمعها، فمثلاً معدن الذهب الموجود في هذه المياه يبلغ تركيزه حوالي (4) غم في كل مليون طن من مياه البحار والمحيطات، علماً بأن الكمية الإجمالية من الذهب الموجود في جميع مياه المحيطات هي بحدود (59 مليون طن)، ولكن تكاليف ضخ مياه البحار، ثم استخراج الذهب منها تفوق قيمة الذهب المستخرج بكثير في الوقت الحاضر.

4. استخراج الطاقة من البحار والمحيطات:

عرف الإنسان منذ القدم استخراج حركات المد، لإدارة بعض الآلات البسيطة، ومن أمثلة ذلك استعماله لغدارة الطواحين الصغيرة في المنطقة الواقعة على سواحل البحار، كما استخدم الفرق بين منسوب المياه في المد

والجزر من الزمن القريب لوقتنا الحاضر، في توليد الطاقة الكهربائية، وذلك لدفع التوربينات وتحركها لبعض المعامل الصغيرة في المناطق الساحلية، وقد أثبتت الدراسات الحديثة أن إمكانية الاستفادة من حركة الأمواج في البحار كمصدر للطاقة على نطاق واسع وبتكاليف قليلة، كما أمكن إجراء بعض التجارب على الاستفادة من فرق درجات الحرارة على سطح المحيط، ومن أسفله في توليد الطاقة الحرارية والكهربائية.

5. فوائد أخرى للبحار والمحيطات:

هناك فوائد كثيرة ذات أهمية اقتصادية كبيرة إضافة إلى ما تقدم، فهذه المسطحات المائية تعد من الطرق الآمنة والرخيصة في النقل البحري، حيث بواسطتها يمكن نقل أوزان كبيرة جداً في مرة واحدة، بأرخص التكاليف وآمنها تقريباً، إذا ما قورنت بوسائط النقل البري والجوي الأخرى.

كما أن للمحيطات والبحار وظائف، إذ تعد مستودعاً ضخماً لإلقاء النفايات التي يخلفها الإنسان على اليابسة، من خلال تصريفه في صورة ذائبة أو عالقة بالمياه إلى الخلجان والمرافئ، أو بطريقة مباشرة إلى عرض البحر بواسطة أنابيب طويلة، وتقوم مياه البحار والمحيطات بإذابة هذه المخلفات، ثم تدفعها التيارات المائية وتشتتها، والخطورة هنا تكمن في تركيز النفايات، وخاصة الكيماوية منها في مياه المحيطات، لذا يجري تصميم معامل النفايات بطرائق سليمة، لكي لا تتلوث المياه لا سيماً الساحلية منها. وتعد البحار ذات أهمية كبيرة لإضافة مساحات من المناطق الساحلية عند الحاجة، لاستعمالها كأراضٍ يابسة في الزراعة، والصناعة، والتجربة الهولندية أكبر دليل على ذلك.

المبحث الثالث: المياه الجوفية والسطحية على اليابس:

تعد المياه الجوفية والسطحية من الموارد الطبيعية المهمة المتواجدة على اليابس، إذ تتوقف عليها الكثير من الفعاليات والنشاطات الحيوية للبشرـ والحيوان والنبات، وتختلف أنواع هذه المياه وأشكالها ومصادرها من مكان إلى آخر، تبعاً لعدة عوامل، أهمها الأمطار، والغطاء الجليدي، وثلوج المرتفعات.

1- المياه الجوفية (Ground Water):

تعد مياه الأنهار هي المصدر الرئيس الذي يغذي المياه الجوفية، في الوقت نفسه تتغذى مياه الأنهار من المياه الجوفية، لذا فإن العلاقة بينهما متبادلة، حيث يغذي كل منهما الآخر وحسب الطبيعية لهما. كما أن هناك عوامل أخرى ثانوية ذات أهمية كبيرة أيضاً، وتلعب دوراً مهماً في التغذية بين المياه السطحية والجوفية، كالنبات الطبيعي، والظروف الجيولوجية، ونوع التربة ... وغيرها.

وبناءً على الدراسات البيئية لبعض دول المناطق الجافة في العالم، فإن جزءاً صغيراً من المياه السطحية قد يذهب إلى البحار، أما الجزء الأكبر منه، فإنه إما أن يتبخر، أو ينفذ خلال بطون الوديان والمجاري المائية ليغذي الخزانات الجوفية.

وتتواجد المياه الجوفية في طبقات الصخور، والتكوينات ذات الخواص الهيدرولوجية المناسبة، المسامية والنفاذية العاليتين، بالإضافة إلى قابلية التخزين الجيدة والكفؤ ومثال ذلك الصخور الرملية، والصخور الجيرية، وتسمى هذه التكوينات الحاملة للمياه بخزانات المياه الجوفية.

وتختلف الخواص الكيميائية للمياه الجوفية تبعاً لاختلاف نوعيـات الصخور والظـروف المناخية، حيث إن العناصر الكيماوية الداخلة في تركيب الصخور تختلف في قابليـة ذوبانهـا في المياه لذا فإن معظم المياه الجوفية في المناطق الجافة يزداد تركيز الأملاح فيها مقارنـة بالمياه الجوفية في المناطق الرطبة، وهناك أنواع كثيرة من الأملاح مذابة في المياه الجوفية منهـا أملاح الصـوديوم والكالسـيوم، والبوتاسـيوم، والكلـور، والكاربونـات، والكبريتـات، إضـافة إلى بعـض الترسبات العضوية والغازات.

ويمكن تصنيف المياه الجوفية حسب احتوائها على الأملاح المذابة كما يأتي:

1. مياه جوفية عذبة: وهي المياه المحتوية على نسبة أملاح أقل من (1000) ملغم/لتر ماء.

2. مياه جوفية قليلة الملوحة: وهي المياه المحتويـة علـى نسبة أملاح تتراوح مـا بـين (1000 – 10000) ملغم/لتر ماء.

3. مياه جوفية مالحة: وهي المياه المحتوية على نسبة أملاح تتراوح مـا بـين (10000 – 50000) ملغم/لتر ماء.

4. مياه جوفية مالحة جداً: وهي المياه المحتوية على نسبة أملاح أكـثر مـن (50000) ملغم /لتر ماء.

وتتواجد المياه الجوفية بعدة أنواع أهمها:

أ- مياه جوفية عذبة أو مالحة:

هي مختزنة في الصخور الرسوبية أثناء عملية ترسيبها، وما زالت تحتويها هـذه الصخور حتى وقتنا الحاضر، وتعرف بالمياه الحفرية (Fossil Water).

ب- مياه جوفية عذبة:

وهي المياه المرتبطة بعملية النشاط الناري، أو تحرك كتل من الصهير فـوق قشرة الأرض أو صوب سطحها، وما ينجم عن هذه الحركة مـن انطلاق مياه سـاخنة تحتـوي علـى بعـض العناصر المعدنية، ثم اختزانها في المساحات والفراغات البينية، التي توجد بـين جزيئـات الصخور، وتعرف هذه المياه عادة بمياه الصهير (MAGMATIC WATER) أو المياه الحديثة التكوين.

جـ- مياه جوفية مالحة:

هي المياه المتواجدة تحت سطح الأرض في المناطق الساحلية، ومصدرها هو مياه البحار والمحيطات، والتي تتسرب في صخور اليابسة وتكويناته القريبة من سواحل البحار والمحيطات، وتسمى هـذه المياه عـادة بالمياه البحرية، أو المحيطـة (MARIN OR OCCEANIC WATER).

د. مياه جوفية عذبة متحدرة من مياه الثلوج والأمطار:

والتي تتسرب إلى باطن الأرض، وتعرف بالمياه الجوفية (METEANIC WATER) وتكون مرتبطة بظواهر الطقس والجو، الممثلة بأنواع التساقط المختلفة. ويعد هذا النوع من المياه من أهم أنواع المياه الباطنية.

وتوجد المياه الجوفية في معظم الأحوال تحت سطح الأرض، على منسوب معين، ويعرف بمستوى الأرض الباطني، حيث يختلف هذا المنسوب في العمق عن سطح الأرض من مكان إلى آخر. فقد يكون قريباً من سطح الأرض في المناطق الرطبة ذات الأمطار الغزيرة، وكذلك في المناطق القريبة من البحار والأنهار. أو قد يكون بعيداً عن سطح الأرض، كما هو الحالي في المناطق الجافة والصحراوية، وكثيراً ما يتقاطع هذا المنسوب مع منسوب الأرض في المناطق المنخفضة، كالأودية والمنخفضات، فيصبح بذلك جزءاً من هذا السطح تحت مستوى المياه الباطنية، ومن هذا تنشأ المستنقعات والأهوار.

2. المياه السطحية (SURELACE WATER) :

تتمثل المياه السطحية بالأنهار، وهي المياه التي تجري على سطح الأرض في أخاديد واسعة مكونة الأنهار، وقد حدد مصدر المياه السطحية بالمياه المتأينة من الأمطار والثلوج الذائبة، إضافة إلى المياه الجوفية، وهذه المياه من الممكن أن تتجمع وتكون نهيرات صغيرة، ولتكون بعد ذلك الروافد، ومن مجموع الروافد تتكون الأنهار بأنواعها المختلفة، وتكون ما يطلق عليه النظام النهري.

تصنف الأنهار على عدة أسس أهمها:

أ. تصنيف الأنهار حسب اختلاف المناخ، أو ما يطلق عليه التصنيف المناخي للأنهار وهو كالآتي:

1. **النوع الأول:** وهي الأنهار التي تتغذي بصورة رئيسة من ذوبان الثلوج في مناطق السهول والمرتفعات البسيطة، والتي تتراوح ارتفاعاتها حوالي (1000)م فوق مستوى سطح البحر. ويظهر هذا النوع أو ما

يشبهه من الأنهار في مناطق سيبيريا وأمريكا الشمالية، وخاصة المناطق التي تتواجد فيها الثلوج لمدة تتراوح ما بين 8 – 10 أشهر في السنة.

2. **النوع الثاني:** هي الأنهار التي تتكون من ذوبان ثلوج المرتفعات الحالية، حيث يتواجد ما يشبه هذا النوع من الأنهار في آسيا الوسطى (سرداريا وتاريم).

3. **النوع الثالث:** هي الأنهار المتكونة من تجمع مياه الأمطار الصيفية الكثيفة، كأنهار الأفرون والكونغو.

4. **النوع الرابع:** هي الأنهار التي تتكون بسبب تجمع المياه الناتجة من ذوبان الثلوج خلال فصل الربيع وبداية الصيف، إضافة إلى نسبة مماثلة من تجمع مياه الأمطار. والأمثلة على هذا النوع تتواجد في المناطق السهلية في السويد وألمانيا، وأنهار السهل الرويس، إضافة إلى نهري دجلة والفرات في السهل الرسوبي لبلاد وادي الرافدين..

5. **النوع الخامس:** هي الأنهار التي تتغذى وتتكون من مياه الأمطار التي تهطل في فصلي الشتاء والصيف، كأنها غرب أوروبا (السين والتايمز).

6. **النوع السادس:** هي الأنهار المتكونة من هطول الأمطار في فصلي الشتاء والصيف، وتتميز بغزارتها في الموسم البارد، مقارنة بكمياتها في فصل الصيف، وترجع أهم أنهار أسبانيا وإيران وآسيا الصغرى، وشمال إفريقيا وشيلي، وجنوب أستراليا إلى هذا النوع.

7. **النوع السابع:** هي الأنهار التي ينعدم فيها الجريان، لكثرة جفاف المناخ، كالأنهار الموجودة في الصحراء الكبرى والصحراء العربية.

8. **النوع الثامن:** هي الأنهار التي يبدأ فيها الجريان، وتدب فيها الحياة بعد سقوط الأمطار، ولفترة قليلة من الزمن في حين تكون جافة بقية أيام السنة، ومثلها أنهار منغوليا.

9. **النوع التاسع:** يتمثل بالمناطق التي تنعدم فيها الأمطار بسبب تراكم الثلوج والغطاءات الجليدية فيها، وتتمثل جزيرة كرينلاند هذا النوع من المناطق.

ب- تصنيف الأنهار حسب مصادر تغذيتها:

هو التصنيف المعتمد على المصدر الرئيس لتغذية الأنهار، ونسب هذه المصادر في تكوين التصريف النهري السنوي، وأهم المصادر الرئيسة للتغذية حسب لفوفيج الروسي، هي الثلوج والمياه الجوفية والأمطار. وقد صنف الأنهار بأنها ثلجية، أو مطرية أو جوفية، عندما تكون نسبة المياه الداخلة في تغذية النهر أكثر من (80%) من مجموع النهر نفسه، أما إذا كانت نسبة المصادر السابقة الداخلة للنهر هي بحدود (50 – 80%) من مجموع التصريف السنوي للنهر، مع نسب قليلة من الموارد الأخرى داخلة في تغذيته، وفي حالة كون كل مورد من الموارد السابقة لا يشكل سوى نسبة أقل من (50%) من مجموع التصريف السنوي للنهر، فإن تصنيف هذا النهر هو مختلط التغذية لدخول المصادر الثلاث في تغذيته.

المبحث الرابع: مصادر المياه السطحية في الوطن العربي:

لقد أنعم اللـه سبحانه وتعالى على الوطن العربي بكميات وفيرة مـن الميـاه، والتـي تعـد شرايين الحياة في بلدان هذا الوطن الكبير، حيث نشأت حضارات كبيرة وعريقة منـذ أقـدم العصور على مثل هذه المياه، مثل حضارة وادي الرافـدين في العراق وحضارة وادي النيـل في مصر. وتعد الموارد المائية السطحية في الوطن العربي ثروة قومية، يجب المحافظة عليها وعـدم تبديدها، لأنها تخص بعطائها كل الأجناس والشعوب في كل الأزمنة.

من أهم المصادر المائية السطحية وتصريفاتها الموجودة في الوطن العربي الآتي:

أولاً: العراق

1. نهر دجلة: هو من أهم المصادر المائية السطحية المهمـة في العـراق، حيـث ينبـع مـن سفوح جبال طوروس الشرقية، وجبـال مـوتكي في جنوب شرق الأرض التركيـة ويدخل الأراضي العراقية، ويخترقها من الشمال إلى الجنوب بعد مسير مسافة حـوالي مئـة كيلـو مـتر في الأراضي التركية. وتبلغ مساحة حوض النهر وروافده حوالي (258) ألف كيلومتر مربع، وقد قـدر معـدل تساقط الأمطار على هذه المساحة بحدود (800) مليمتر سنوياً، أما كمية المياه المنسابة للنهـر وروافده، فتبلغ حوالي (48.70) مليار متر مكعب على مدار السنة.

وأهم روافد نهر دجلة: أنهار الزاب الكبير والزاب الصغير، والعظيم وديالي.

2. **الزاب الكبير:** هو من أكبر روافد نهر دجلة، وينبع من الأراضي التركية العراقية، وتبلغ مساحة أراضي حوضه (26) ألف متر مربع، أما طول النهر فهو بحدود (392) كيلومتر، ويلتقي مع نهر دجلة جنوب مدينة الموصل، أما تصريفه السنوي فيبلغ معدله حوالي (13.18) مليار متر مكعب.

3. **الزاب الصغير:** ينبع هذا النهر من الأراضي الجبلية الإيرانية، ويلتقي بنهر دجلة عند منطقة دوكان في الأراضي العراقية، وتبلغ مساحة حوضه حوالي (21.5) ألف كيلو متر مربع منها حوالي (16) ألف كيلو متر مربع تقع ضمن الأراضي العراقية، ويبلغ معدل تصريفه السنوي حوالي (7.17) مليار متر مكعب.

4. **نهر العظيم:** وهو من روافد نهر دجلة أيضاً، وينبع من الأراضي العراقية (جبال قرة)، وتبلغ مساحة حوضه حوالي (13) ألف كيلو متر مربع، ومعدل تصريفه السنوي نحو (790) مليار متر مكعب، وقد يجف هذا النهر تقريباً في بعض الفترات القصيرة من السنة.

5. **نهر ديالي:** ويصب هذا النهر في دجلة أمام منطقة دربند خان في الشمال من البلد وتبلغ مساحة حوضه حوالي (32) ألف كيلومتر مربع، ومعدل تصريفه السنوي بحدود (5.74) مليار متر مكعب.

6. **نهر الكرخة:** ينبع هذا النهر من الأراضي الإيرانية إلى الأراضي العراقية من الجنوب، وتبلغ مساحة حوضه المستقبل لمياه الأمطار حوالي (58) كيلو متر مربع، ومعدل تصريفه السنوي (24.7) مليار متر مكعب.

7.**نهر الكارون** : وينبع هذا النهر أيضاً من الأراضي الإيرانية، وتبلغ مساحة حوضه حوالي (46) ألف كيلو متر مربع، ويبلغ تصريفه السنوي (6.3) مليار متر مكعب.

8. **نهر الطيب ودويريج:** وهما نهران صغيران يدخلان الأراضي العراقية من إيران، وتبلغ مساحة حوض كل منهما حوالي ألف كيلومتر مربع، أما المعدل السنوي لتصريف كل منهما فهو بحدود مليار متر مكعب.

9. **نهر الفرات:** وهو من الأنهار الكبيرة في العراق، وتشترك فيه ثلاث دول هي تركيا وسوريا والعراق، حيث يمر في أراضيها. وتبلغ مساحة حوضه في هذه الدول حوالي (444) ألف كيلو متر مربع، أما طوله في داخل الأراضي العراقية فيبلغ حوالي (1200) كيلومتر ومعدل تصريفه في الأراضي العراقية هو بحدود (29) مليار متر مكعب.

10. **نهر شط العرب:** هو النهر المتكون من التقاء نهري دجلة والفرات، حيث يصب جنوباً في مياه الخليج العربي بعد مسار مسافة (190) كيلو متر من التقاء النهرين في شمال مدينة البصرة الواقعة في جنوب العراق، ويبلغ معدل تصريفه السنوي (21) مليار متر مكعب، أما عند نهايته قرب الخليج العربي فيكون تصريفه (35.2) مليار .

ثانياً: مصر:

لقد تم الاتفاق على ضبط مياه النيل وتوزيعه بين مصر والسودان عام (1959) وقد قسم الإيراد النهري السنوي بين البلدين على أساس أخذ متوسط إيراد النهر الطبيعي عند مدينة أسوان، والبالغة في ذلك التاريخ حوالي

(84) مليار متر مكعب كأساس لهذا التوزيع. وكان توزيع الحصص المائية والبالغة (22) مليار متر مكعب من ميله السد العالي بواقع (14.5) مليار متر مكعب للسودان، و (7.5) مليار متر مكعب لمصر. وإذا أضيفت هذه الحصص المائية إلى الحق المكتسب لكل من البلدين في مياه النهر قبل إنشاء السد العالي، لأصبح حق السودان في الحصول على (18.5) مليار متر مكعب عند أسوان، ونصيب مصر حوالي (55.5) مليار متر مكعب عند نفس المكان.

وإضافة إلى الكمية التي حصلت عليها مصر في مياه نهر النيل عملت على إضافة حصص مائية جديدة عن طريق إعادة استخدام مياه الصرف، التي كانت تذهب إلى البحر بعد سلسلة من المعاملات الفردية للتخلص من المواد الضارة، ولتسهم هذه المياه الجديدة في توسيع الرقعة الزراعية بإضافة أراضٍ جديدة يتم استصلاحها.

ثالثاً: السودان:

تمثل مياه النيل المصادر المائية السطحية الرئيسة في السودان، إضافة إلى مياه الأنهر والوديان الصغيرة الموسمية، وتمثل هضبة البحيرات الاستوائية والهضبة الأثيوبية مصادر الإيراد لنهر النيل، نتيجة الأمطار الكثيفة المتساقطة على حوض بحيرة فكتوريا البالغ مساحته (195) ألف كيلومتر مربع، ومن هذه البحيرة تأخذ المياه طريقها عبر نيل فكتوريا، لتصل إلى بحيرة كيوجا بتصريف قدره (33.5) مليار متر مكعب، ثم تصب المياه في بحيرة ألبرت بعد أن يأخذ النهر اسماً آخر، هو بحر الجبل، والذي قدر تصريفه بحوالي (30) مليار متر

مكعب، نصف هذه الكمية قد تفقد عند منطقة السدود والنص الآخر يصل إلى مدينة ملكال في جنوب السودان.

ومن الأنهار المهمة في السودان ما يلي:

1. **بحر الغزال**: يقع حوضه في منطقة حدود السودان والكونغو، وتبلغ مساحة هذا الحوض حوالي (526) كيلومتر مربع، إضافة إلى مساحة المستنقعات المتواجدة به والمقدرة بحوالي (40) ألف كيلومتر مربع. ويبلغ تصريف هذا النهر في منطقة المستنقعات حوالي (12) مليار متر مكعب، بحيث لا يصل منها إلى النيل الأبيض سوى نصف مليار متر مكعب فقط.

2. **نهر السوباط**: مصدر مياه هذا النهر من الهضبة الأثيوبية، ويصب في نهر الليل الأبيض بعد أن يتزود بالمياه من رافديه، نهر البارود (بتصريف 13 مليار مار مكعب). ويبلغ تصريف نهر السوباط عند منطقة ملكال حوالي (13.5) مليار متر مكعب.

3. **النيل الأزرق**: مصدر مياهه هو بحيرة تانا في أثيوبيا، إضافة إلى مياه رافديه، نهر الرندر ونهر الرهد، ليصل تصريفه عند مدينة الخرطوم حوالي (54) مليار متر مكعب.

4. **نهر عطبة**: ينبع من جبال الحبشة قرب بحيرة تانا، ويلتقي بنهر النيل الرئيس عند بحيرة عطبرة شمال الخرطوم، وأهم فروعه نهر سيتت ويبلغ تصريفه نحو (12) مليار متر مكعب سنوياً.

5. **نهر النيل الرئيس**: هو عبارة عن التقاء نهر النيل الأزرق بالنيل الأبيض عند الخرطوم، حيث يتجه شمالاً ليصل بنهايته إلى البحر المتوسط،

ويتزود النيل الرئيس بالمياه من النيل الأبيض بحوالي (24) مليار متر مكعب، ومن النيل الأزرق بحوالي (48) مليار متر مكعب، ومن نهر عطبرة بحوالي (12) مليار متر مكعب ليصبح مجموع إيراد النيل الرئيس عند مدينة أسوان جنوب مصر حوالي (48) مليار متر مكعب.

وهناك بعض الموارد المائية عند النيلين، منها خور القاشر الذي ينبع من الأراضي الأثيوبية ومساحة حوضه (21) ألف كيلو متر مربع، وتصريفه بحدود (200 – 800) مليون متر مكعب سنوياً، أما غرب السودان فهناك منطقة جبل حرا المستقبلة للأمطار (حوالي 800) ملم سنوياً.

رابعاً: سوريا:

تعد الأنهار المصدر الأساس للمياه السطحية في سوريا، إضافة إلى العديد من الوديان ذات الجريان الموسمي والغزارة المحدودة، والمستعملة في سد احتياجات بعض المناطق، كمياه للشرب ولسقي المساحات الصغيرة في المزارع.

وأهم الأنهار في الأراضي السنوية:

1- **نهر العاصي:** ينبع هذا النهر من الأراضي اللبنانية، ويتزود بالمياه الناتجة من بعض العيون المتواجدة في شمال بعلبك، ويتجه هذا النهر باتجاه البقاع حيث يتعمق مجراه، ثم يخترق منطقة الشلالات الواقعة بين حمص وحماة متجهاً إلى موقع قلعة شوز، وبعدها إلى مستنقعات سهل العشارنة وسهل الغاب، أما معدل تصريفه

السنوي فيبلغ حوالي (1.5) مليار متر مكعب.

2- نهر الفرات: هو أهم أنهار سوريا، حيث ينبع من الأراضي التركية، وتغطي مساحة حوضه حوالي (444) كيلو متر مربع، أما معدل تصريفه السنوي فهو بحدود (26) مليار متر مكعب عند الأراضي السنوية، ويتزود النهر بالمياه أيضاً من روافده: البليخ، والخابور، والساجور بنحو (3) مليار متر مكعب. ويتجه النهر نحو الحدود العراقية، حيث يكون تصريفه هناك (29) مليار متر مكعب.

3- نهر برادي: هو نهر صغير ينبع من الأراضي السورية عند جبل الشيخ عند منطقة الزبداني حيث يتزود بالمياه من بعض الروافد، مثل الخالص الصغير، إضافة إلى بعض العيون، مثل منبع الفيحة، أما معدل تصريفه السنوي فهو بحدود (400) مليون متر مكعب.

وهناك بعض الأنهار الصغيرة، مثل اليرموك، والأعوج، وبنيارا لسن، والكبير الشمالي، وغيرها ليبلغ معدل تصريفها السنوي بمجموعها حوالي مليار متر مكعب.

خامساً: لبنان:

تتواجد في لبنان حوالي سبعة عشر نهراً صغيراً، أكبرها نهر الليطاني الذي تبلغ مساحة حوضه المستقبل للأمطار بحدود (2100) كيلو متر مربع، أما طوله فهو بحدود (170) كيلو متر، ويخترق هذا النهر سهل البقاع من جهة الشمال الشرقي والجنوب الغربي، ويبلغ معدل تصريفه بحدود ملياري متر مكعب سنوياً.

سادساً: الأردن:

هو من الأقطار ذات الموارد المائية القليلة، حيث يسود الجفاف مساحات كبيرة من أراضيه، ويستمد الأردن مصادر مياهه من الأمطار، والوديان،

والينابيع، والمياه الجوفية، أما مصادر المياه السطحية فهـي مقتصرة عـلى روافـد وادي الأردن والروافد الفرعية، خاصة ما هو دائم الجريان منها.

أما نهر اليرموك فهو من الأنهار السطحية الصغيرة، حيث يبلغ معدل تصريفه السنوي حوالي (438) مليون متر مكعب.

وتمثل الوديان الشرايين المهمة التي تزود الأردن بالمصادر المائية، وأهمها وادي الزرقاء، ووادي العرب، والتي يبلغ مجموع تصريفها حوالي (194) مليون متر مكعب سنوياً، إضافة إلى وديان منطقة الأغوار التي يبلغ مجموع تصريفها السنوي نحو (82) مليون متر مكعب.

سابعاً: اليمن:

تمثل الوديان العصب الرئيس للمياه السطحية في اليمن، وتعـد منطقـة تهامـة مـن أكـثر المناطق وفرة بالمياه السطحية، إذ تحتوي على كثير مـن الوديـان الجاريـة، أكبرهـا وادي مـور، إضافة إلى عدد من الينابيع التي تغذي الوديان بالمياه، أمـا منطقـة السـفوح الجبليـة الممتـدة على طول البلاد من الشمال إلى الجنوب، فهـي تحتوي عـلى وديـان كثـيرة تتـزود بالميـاه مـن الأمطار، والتي تبلغ معدلات سقوطها حوالي (300 – 500) ملم سنوياً، وأن أغلـب ميـاه هـذه الوديان تنصرف إلى البحر، وقد سجل معدل تصريف هذه الوديان السنوي حوالي (3) مليـار متر مكعب.

ثامناً: الصومال:

تتواجد في الصومال بعض المصادر السطحية للمياه السطحية، أهمها نهر شبيلي وجوباً.

1. **نهر شبيلي:** هو من الأنهار الدائمة الجريان، وينبع من المرتفعات الأثيوبية، ويبلغ طوله حوالي (2000) كيلومتر ويتجه من الشمال الغربي إلى الجنوب الشرقي، ثم يسير موازياً لساحل المحيط الهندي، وفي نهايته يمر بمنطقة المستنقعات على مقربة من مدينة جليب على نهر جوبا، وقد يتصل بنهر جوبا عند هطول الأمطار الغزيرة، وتبلغ مساحة حوض نهر شبيلي المستقبلة للأمطار حوالي ألف كيلو متر مربع حيث يبلغ تصريفه السنوي حوالي (1.8) مليار متر مكعب.

2. **نهر جوبا:** ينبع هذا النهر من المرتفعات الأثيوبية، وتغطي مساحة حوضه المستقبلة للأمطار حوالي (300) ألف كيلومتر مربع، ومعدل تصريفه السنوي بحدود (6.4) مليار متر مكعب.

تاسعاً: تونس:

لا توجد في تونس أنهار دائمة الجريان عدا نهري مجردة ومليان إضافة إلى عدد من الوديان في الجنوب تونس، منبعها دائم وبعضها متقطع الجريان وبتصريفات صغيرة.

وينبع نهر مجردة من جنوب غرب الجزائر، حيث تبلغ مساحة حوضه حوالي (24) ألف كيلومتر مربع، ويتزود بالمياه أيضاً من بعض الروافد الصغيرة، أما متوسط تصريفه السنوي فهو (1.5) مليار متر مكعب.

عاشراً: الجزائر:

تمتاز أنهار الجزائر بقصرها وصغر أحواضها المستقبلة للأمطار، ذات الغزارة المنخفضة.

وأهم أنهار الجزائر هي:

1. نهر الشليفا: وهو من أهم أنهار الجزائر، حيث ينحصر تصريفه السنوي ما بين (1.55) مليار متر مكعب و (60) مليون متر مكعب، أما معدل سقوط الأمطار على حوضه فهو بحدود (470) ملم/سنة.

2. نهر مينا: هو نهر صغير يتصل بنهر الشليفا قبل مصبه في البحر بمساحة (40) كيلو متر، ويبلغ تصريفه السنوي نحو (70) مليون متر مكعب.

وهناك عدد من الوديان دائمة الجريان أو متقطعة، أهمها وادي الأبيض.

حادي عشر: المغرب:

تحتوي المغرب على عدد قليل من الأنهار، أهمها: نهراً أم الربيع، وسيو.

1. نهر أم الربيع: هو من أطول أنهار المغرب، حيث يبلغ طوله حوالي (500) كيلو متر، ومعدل تصريفه السنوي حوالي (3000) مليون متر مكعب، وينبع من جبال أطلس الوسطى.

2. نهر سيو: يتواجد هذا النهر في منطقة سهل المغرب، حيث معدل سقوط الأمطار فيها حوالي (450) ملم/سنة، ومعدل تصريف النهر بحدود (1200) مليون متر مكعب سنوياً.

الفصل الثالث

المنـاخ

الفصل الثالث

المناخ

اهتم الإنسان منذ القدم وحتى يومنا الحاضر بالظواهر الجوية التي تحيط به وتؤثر على حياته ومعيشته، وكان يخاف كثيراً من هذه الظواهر، ويعبدها أو يحولها إلى خرافات، فمثلاً كان يخاف الرياح وغيرها، وبتقدم الزمان تحولت هذه الظواهر إلى الإله رع، حيث ترمز إلى الشمس عند المصريين القدماء، والإله ثور ترمز عند النورجيين القدماء إلى الرعد والحرب والزراعة، والإله جوبتربلوفيوس يرمز إلى المطر عند الرومان القدماء.

وقد اهتمت الحضارات القديمة بالمناخ وعناصره، وكانت معلوماتهم عنه تعتمد على الملاحظة وتكرارها والفراسة فيها، لعدم توفر الأجهزة والإحصاءات الدقيقة واستمر الحال هكذا حتى بداية القرن السابع عشر، حين اخترعت أجهزة الرصد الجوي وتسجيل المعلومات حول الظواهر الطبيعية الأكثر دقة من السابق.

وقد قام الإغريق قبل ذلك بدور كبير في ظهور كثير من المعلومات المناخية المهمة، فمثلاً قام بارمنديس في القرن الخامس قبل الميلاد بتقسيم العالم إلى خمس مناطق مناخية، معتمداً على خطوط العرض، وهناك كتب كثيرة تبحث في هذا المجال ككتاب الميترولوجيا لأرسطو، وكتاب الهواء والماء والأماكن لهبوقراط، الذي يبحث عن علاقة هذه العناصر بالصحة العامة للبشر.

لقد ساهم العرب بإضافات كبيرة ومهمة في هذا العلم منذ العصور الوسطى، فمقدمة ابن خلدون بمعلوماتها عن المناخ وعلاقته بالإنسان، تعد خير

دليل على ذلك، فقد تناول هذا العلامة العربي البحث في الحر والبرد، وعلاقته بالشمس، وزاويا سقوطها وعلاقتها بالليل والنهار، إضافة إلى تقسيمه الأرض إلى سبعة أجزاء، وعلاقة كل ذلك بالبشر وأحوالهم النفسية وتكويناتهم السكانية، وقد عد اختراع جهاز البارومتر الزئبقي أكبر نقطة تحول في هذا العلم. وتوالت التحسينات على هذين الجهازين، وأمكن رسم خرائط مناخية، وقد حدثت طفرة كبيرة في مجال الأرصاد الجوي في ثلاثينيات القرن التاسع عشر، وتطور وسائل الاتصالات والتلغراف، إذ ساعد ذلك على نقل المعلومات بدقة كبيرة وسرعة عالية. وقد تطور ذلك أكثر أثناء وبعد الحرب العالمية الثانية نتيجة للتطور الحاصل في الأجهزة والمعدات، وكذلك الطائرات والصواريخ والأقمار الاصطناعية، فقد تغيرت الكثير من المعلومات الخاطئة وظهرت معلومات أخرى جديدة خاصة عن طبقات الجو العليا للفضاء الخارجي واكتشاف الثقب الحاصل في طبقة الأوزون خير دليل على ذلك.

لكي نفهم المناخ وعناصره، وطبقات الغلاف الغازي، يجدر بنا التمييز بين الطقس والمناخ، فالطقس (**WEATHER**) يعني حالة الجو في مكان ما في وقت قصير كساعة معينة أو يوم أو أسبوع، ويمتد إلى شهر من حيث الظاهرات الجوية المختلفة كدرجة الحرارة ونسبة الرطوبة، أو حالة الضغط، أو اتجاه الرياح، أو سرعتها، أو قوتها، وكذلك حالة السماء، ومن حيث الصفاء، أو وجود الغيوم، أو نوع السحب والضباب ومقدار المطر ... وغير ذلك.

أما المناخ (**CLIMATE**)فهو متوسط، أو معدل أحوال الطقس لمدة طويلة، أما مترولوجي (**METEOROLOGY**) فيعني العلم الذي يختص بالإرصادات الجوية أو علم طبيعات الجو.

المبحث الأول: الغلاف الجوي (الغازي):

هو الغلاف الذي يحيط بالكرة الأرضية لبضع مئات من الكيلومترات، وهو جزء لا يتجزأ من كوكب الأرض، الذي يميزها عن باقي الكواكب الأخرى، والذي جعل الحياة ممكنة عليها.

يشكل غاز الأوكسجين والنيتروجين النسبة الكبيرة (99%) مـن حجـم الغـلاف الغـازي، إضافة إلى غازات أخرى، وبكميات قليلة كما هو مبين في الجدول رقم (4)

جدول (4) أهم مكونات الغلاف الجوي

% من حجم الغلاف الجوي	الغاز	% من حجم الغلاف الجوي	الغاز
0.00524	الهليوم	78.09	النيتروجين
0.0001	الكريبتون	20.93	الأوكسجين
0.00005	الهيدروجين	0.93	الأركون
0.8	الزينون	0.03	ثاني أوكسيد الكربون
1018×6	الراديوم	0.00.8	النيون

إضافة إلى الغازات الموجودة في الغلاف الجوي، فإن الهـواء يحمـل فـي الطبقـات السـفلى الغبار وبخار الماء بنسب مختلفة حسب الظروف المكانية، ففي المناطق الحـارة الرطبـة تكـون نسبة بخار الماء في الجو ما يقارب من (4%) من حجمه في حين تقل هـذه النسـبة فـي المنـاطق الباردة وقرب خط عرض (50) درجة لتصل إلى (1%) أو أقل، وعلى الرغم من النسبة الضئيلة هذه، فإن أهمية بخار الماء كبيرة جداً إذ أنه مصدر لجميع أنواع التكاثف والتساقط، إضافة

إلى دوره المهم والفعال في امتصاص الإشعاع الشمسي، وفي حدوث ونمو العواصف وحالات استقرار الجو وعدمه. وقد قدر أن بخار الماء الموجود بالهواء إذا ما كثف فإنه يعادل طبقة من الماء سمكها (3) سم فوق الكرة الأرضية. أما الغبار فهو عبارة عن جزيئات صلبة معظمها من مصدر أرضي، كما يعتقد بوجود غبار مصدره كوني، والذي قد يتواجد نتيجة لاحتراق الشهب وأجزاء من النيازك عند مرورها أو احتكاكها بالغلاف الجوي. ومعظم مصادر الغبار الأرضي هو رماد البراكين والدخان، وما تثيره العواصف من أتربة ورمال ناعمة، علماً بأن المناطق الصحراوية تعد أهم مصدر للأتربة، حيث تثير الرياح هذه الأتربة ثم ترسب بعدها تاركة كمية لا يستهان بها عالقة في الهواء وبارتفاعات عالية في الجو.

وقد تختلف نسب وجود الغبار في الجو من منطقة إلى أخرى، فالمناطق الصناعية قد تحتوي على نسب عالية من الغبار في الجو، أما في مناطق الغطاء النباتي الكثيف والأشجار، فإن الغبار قد يكون قليلاً في الجو، في المناطق المغطاة بالمياه وخاصة البحار والمحيطات، فإن كمية الغبار العالقة في جوها تكون قليلة جداً، ويعد الغبار مسئولا جزئياً عن الألوان التي تظهر في السماء وقت غروب الشمس، أو شروقها، وكذلك تعد بعض ذرات الغبار النواة التي لولاها لما حدث التكاثف.

إن الهواء في الغلاف الجوي في حركة مستمرة، وهذه الحركة إما أن تكون أفقية وتمثلها الرياح، أو تكون رأسية على شكل تيارات صاعدة أو هابطة، وهناك ارتباط كبير بين هذه الحركات والكرة الأرضية وأشعة الشمس، وبسبب

تأثير الغلاف الغازي بها فإن صفات هذا الغلاف وخصائصه تتغير من مكان إلى آخر، ما يؤدي إلى حدوث الاختلافات المناخية على سطح الكرة الأرضية.

طبقات الغلاف الجوي:

يختلف سمك الغلاف الجوي من منطقة إلى أخرى، ولذلك فإن من الصعوبة تحديد سمكه لما يتميز به من حركة مستمرة وعدم استقرار، علماً بأن هذا الغلاف يبدأ بالتلاشي تدريجياً على ارتفاع ما بين (300 – 500) كيلو متر عن سطح الكرة الأرضية وقد وجد آثار لبعض الغازات، كالأوكسجين، والهليوم، والهيدروجين، وعلى ارتفاعات عالية قد تصل على أكثر من (500) كيلومتر، وعلى الرغم من أن معظم الغازات التي يتكون منها الهواء قد تختفي قبل الوصول إلى الطبقات العليا في الجو. وقد أثبتت الدراسات الحديثة على أن الغلاف الجوي يقع ضمن نطاق يمتد بما يقرب من (1300 – 2500) كيلومتر فوق مستوى سطح الأرض، ثم يلي ذلك نطاق آخر يسمى بالغلاف المغناطيسي ـ (MAGENETOSPHERE)، المتكون من إلكترونات سالبة وبروتونات موجبة، وبعد هذه الطبقة تتواجد منطقة اضطرابات ذات مجالات مغناطيسية متذبذبة، تأتي بعدها منطقة الفراغ.

يتوزع الغلاف الغازي بشكل عام على أربع طبقات هي التربوسفير، والراتوسفير، والميزوسفير، والترموسفير، وقد تم هذا التوزيع على أساس درجات الحرارة، والحد الأعلى لكل طبقة من الطبقات الثلاث السفلية تضاف كلمة (بوز) التي تعني انتقال أو طبقة انتقالية، وقد تعني أيضاً حدوث تغيير إلى نوع جديد وانتهاء النوع الأول.

وفيما يأتي شرح طبقات الغلاف الجوي (الغازي)، بالترتيب من الأسفل إلى الأعلى:

1. طبقة التربوسفير (TRPOSHERE) :

تكون هذه الطبقة ملاصقة لسطح الأرض، ويختلف سمكها من منطقة إلى أخرى وقد يصل سمكها من (17 – 18) كيلو متر عند خط الاستواء في الأقاليم المدارية الحارة، في حين يقل سمكها عند القطبين ليصل إلى (8) كيلومتر، وبصورة عامة يمكن القول، إن ارتفاع هذه الطبقة في المتوسط هو بحدود (11) كيلومتر من سطح البحر.

وتأتي أهمية هذه الطبقات من الغلاف الغازي للإنسان، بكونها تتمثل فيها جميع الظواهر المناخية المؤثرة على الكرة الأرضية. ففيها تظهر الغيوم، وتحدث التغيرات المهمة في الطقس، فمثلاً تبدأ درجات الحرارة بالتناقص (1) مئوية كلما زاد الارتفاع عن الأرض بحدود (150) متراً، لتصل إلى (- 50) مئوية في أعلى هذه الطبقات، ويقدر وزن طبقة التربوسفير بحوالي (5/4) من وزن الغلاف الجوي، ويقع سبب ذلك إلى عظم كثافة هوائها من جهة والضغط الواقع عليها من الطبقات التي فوقها من جهة أخرى. وقد تحتوي على (70 – 80%) من كتلة الهواء المكن للغلاف الغازي، وتتواجد أعلى طبقة التربوسفير طبقة انتقالية يطلق عليها تروبوبوز (TROPOPIUSE)، واقعة ما بين طبقتي التربوسفير وهذه الطبقة الانتقالية (0020) قليلة السمك وذات حرارة منخفضة جداً (حوالي – 55 مئوية).

1. طبقة الستراتوسفير (STRATOSPHERE) :

تقع هذه الطبقة فوق الطبقة الأولى، وتمتاز باحتوائها على نسبة ضئيلة جداً من بخار الماء، ما سبب حدوث اضطرابات جوية فيها، وبالنتيجة فإنها خالية من الغيوم، وكذلك قليلة التغيرات الرأسية في درجات الحرارة، وهي منخفضة جداً ولا تتغير مع الارتفاع كما هو حاصل في الطبقة الأولى، ويبلغ سمك الستراتوسفير ما بين (30 – 50) كيلو متر عند العروض الوسطى، ويقل سمكها كثيراً حتى يكاد يختفي تقريباً قرب خط الاستواء، وتحتوي طبقة الستراتوسفير على حزام الأوزون الذي يحمي الكائنات الحية الموجودة على الكرة الأرضية من الإشعاعات الفوق بنفسجية القادمة من الشمس، ويرفع هذا الحزام قليلاً من درجات الحرارة.

وهناك عواصف هوائية تصل سرعتها إلى أكثر من (400) كيلومتر في الساعة تسمى بالتيارات النفاثة (JET STREAMS)، تجري ما بين التروبوسفير والستراتوسفير.

أطلق على القسم الأعلى من طبقة الستراتوسفير اسم الاستراتوبوز (STRATOPAUSE) ، وهي طبقة انتقالية ما بين طبقة الستراتوسفير والطبقة التي تليها، وتحتوي على نسبة من تجمع غاز الأوزون.

2. طبقة الميزوسفير (MESOSHPERE) :

يبلغ ارتفاع طبقة الميزوسفير حوالي (60) كيلومتر، ويحدث فيها تناقص في درجات الحرارة بحيث تبلغ حدها الأدنى في أعلى أجزاء هذه الطبقة، وكذلك تصل قيمة الضغط الجوي فيها على ارتفاع (50) كيلومتر إلى واحد مليبار (1000/1 من قيمة الضغط الجوي عند سطح البحر). وفي هذه الطبقة تحترق الشهب المندفعة من الفضاء نحو الأرض، أطلق اسم الميزوبوس

(MESOPAUSE) على الجزء العلوي من طبقة الميزوسفير، وهي طبقة انتقالية ما بين هـذه الطبقة والطبقة التي تليها.

3. طبقة الثرموسفير (THERMOSPHERE) :

هي الطبقة الأخيرة من الغلاف الغازي والتي تمتاز بارتفاع درجة الحرارة والتي قـد تصـل إلى (1000م)، وقد يطلق على الجزء الأسفل من هذه الطبقة بالإينوسـفير (IONOSPHERE)، حيث يحدث فيها تأين الغازات نتيجة الحرارة العالية، وقد يصل ارتفاع هـذه الطبقـة حـوالي (400) كيلومتر عن سطح الأرض، ويمكن أن تكتوي على عدد من الطبقات تتغير ارتفاعاتها عن سطح الأرض حسب ساعات النهار ونشاط الإشعاع الشمسي، وتعمل هذه الطبقات على عكس الموجات اللاسلكية القصيرة نحو الأرض، وانتقال بعض الإشعاعات المغناطيسية والكهربائية نحو القطبين، ما يؤدي إلى حدوث شحنات كهربائية في أعـلى الجـو بحيـث تكـون سـبباً في ظاهرة الـوهج القطبـي (أو الشـفق القطبـي – الأورارا AURORA)، والـذي يأخـذ أشكالاً عديـدة، كالأقواس، أو الهلالات، ويكون ذا ألوان مختلفة كالأحمر والأزرق، وهذه الظاهرة تشاهد عـلى ارتفاعات ما بين (100 – 1000) كيلومتر في الجهات القريبة من القطبين.

ويمكن تمييز الطبقات الآتية ضمن طبقة الثرموسفير:

أ.   **طبقة E**: وتتواجـد عند طلـوع الشـمس، وتصـل أوج قـدرتها عـلى التأيـن في سـاعات الظهيرة، ويكون ارتفاع هذه الطبقة ما بين (90 – 160) كيلومتر.

ب.   **طبقة F_1** : وتتواجد على ارتفاع ما بين (160 – 200) كيلومتر.

ج.   **طبقة F_2** : وتكون على ارتفاع أكثر من (2009 كيلومتر).

وقد تتواجد طبقات أخرى فوق طبقة أخرى فوق طبقة الثرموسفير منها:

— طبقة السوبراسفير (SUPARASPHERE) ويكون ارتفاعها حوالي (400 – 1000).

— طبقة الإكسوسفير (EXOSPHERE) وتلي السوبر اسفير، ويكون ارتفاعها أكـثر مـن
(1000) كيلومتر، ثم يأتي بعد ذلك الفضاء الخـارجي، ويشكل الهيـدروجين الغـاز
الرئيس في الطبقة، أما الجاذبية الأرضية فهي قليلـة جـداً، مـا يسـاعد علـى هـروب
بعض الغازات إلى الفضاء الخارجي. والشكل رقم (14) يمثل طبقات الغلاف الغازي.

شكل (14) طبقات الغلاف الغازي

المبحث الثاني: عناصر المناخ:

لدراسة عناصر المناخ، يجب أن نعلم أنه أحد أهم نتائج حركة الأرض ودورانها حول الشمس، ويتحكم في هذا الدوران عدة عوامل أهمها: ميل أشعة الشمس الواصلة لسطح الأرض، وطول الليل والنهار، وفصول السنة المختلفة، وتوزيع اليابس والماء، واختلاف الارتفاعات على مستوى سطح البحر للمواقع المختلفة، واختلاف المواقع حسب الظاهرات التضاريسية الكبرى وتوزيع الضغوط الجوية، وكما ذكر سابقاً فإن توزيع الظواهر المناخية تحدث في طبقة الثروبوسفير، وخاصة في أجزائها السفلى القريبة من سطح الأرض، عدا بعض ظواهر التكاثف التي قد تحدث في الأجزاء العليا من هذه الطبقة، وأهم عناصر المناخ هي الحرارة، والتساقط والرطوبة، والرياح، والضغط الجوي. وهذه العناصر تتأثر بشكل كبير بالعوامل التي ذكرت أعلاه، إضافة إلى تأثير هذه العناصر بعضها في بعض الآخر بطريقة متشابكة ومعقدة، فدرجات الحرارة مثلاً تؤثر على حركة الهواء وعلى الضغط الجوي، ومظاهر التكاثف تؤثر على الحرارة، وكذلك يؤثر الضغط الجوي في اتجاه الرياح وسرعتها، وما يصاحب ذلك من تأثيرات على درجات الحرارة ومظاهر التكاثف.

وفيما يأتي أهم العناصر المؤثرة على الطقس والمناخ:

أولاً: الحرارة:

تُعَدُّ الشمس المصدر الرئيس للحرارة التي يكتسبها سطح الأرض والجو، ولا يصل من حرارة الشمس إلى سطح الأرض إلا نسبة ضئيلة جداً، تقدر بحوالي (1:2000) مليون حرارة الشمس، والتي تقدر بحوالي (30) مليون

درجة مئوية عند مركزها، و(6000) درجة مئوية عند سطحها، وهذه الكمية الضئيلة من الحرارة كافية لأن تكون مسئولة عن جميع النشاطات البيولوجية والطبيعية على سطح الأرَض، وكذلك تكون السبب في حدوث الاضطرابات الحاصلة في الغلاف الغازي، وما يتبع ذلك من تأثيرات مختلفة في الضغط الجوي، وحركات الرياح وتبخر المياه وسقوط الأمطار، وتعد الحرارة أحد أهم العناصر المناخية، التي لها تأثيرات متبادلة مع الضغط الجوي وحركات الرياح، ومظاهر التكاثف المختلفة.

الإشعاع الشمسي :

الإشعاع الشمسي الواصل إلى الأرض، والمسمى علمياً (**INSOLATION**)، يتألف من مجموعة كبيرة ومعقدة من الأشعة المختلفة في أطوالها وصفاتها، والآثار التي تحدثها على سطح الأرض.

يمتص الغلاف الغازي الموجات الطولية من أشعة الشمس مباشرة، أما الموجات الأقصر فتصل إلى سطح الأرض، وتسمى بالأشعة المكتسبة، حيث تقدر نسبتها بحوالي (66%) من الإشعاع الشمسي، موزعة على: (19%) تمتص من قبل الغلاف الغازي، و (47%) تمتص من سطح الأرض، أما الأشعة المرتدة إلى الفضاء فتبلغ نسبتها حوالي (34%) من الإشعاع الشمسي الواصل إلى جو الأرض، وهذه الأشعة موزعة: (19%) تنتشر في الفضاء، و (2%) تنعكس من الأرض إلى الفضاء، و (23%) تنعكس بواسطة السحب والمخطط المذكور في شكل رقم (15)، يوضح الإشعاع الواصل إلى جو الأرض.

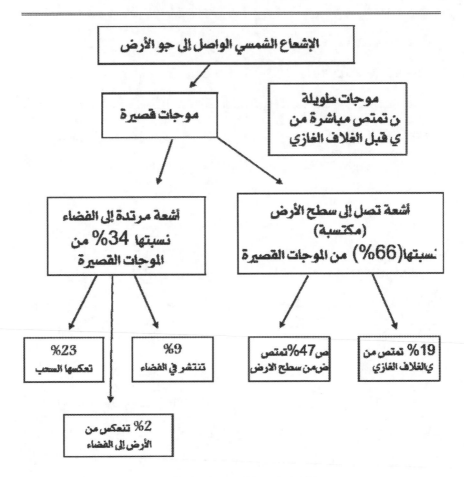

شكل (15) مخطط توزيع الإشعاع الشمسي

وتقسم الأشعة الواصلة إلى سطح الأرض إلى ثلاثة أنواع رئيسة هي:

1. الأشعة الحرارية: وهي المصدر الأصلي لحرارة الأرض.

2. الأشعة الضوئية: وهي المسئولة عن ضوء النهار.

3. الأشعة الكيماوية: وهي التي تحتاجه الكائنات الحية في نموها، لأنها تزيد التفاعلات الكيماوية اللازمة للنمو.

يمكن تقسيم الإشعاع الشمسي حسب طول الموجات إلى الأنواع الآتية:

1. الأشعة غير المرئية:

هي عبارة عن موجات طولية تتراوح أطوالها ما بين (0.8 – 0.9) ميكرون، وتكون ما يقرب من (51%) من أشعة الشمس وأغلبها أشعة حرارية.

2. الأشعة المرئية:

هي عبارة عن موجات متوسطة تتراوح أطوالها ما بين (0.3 – 0.8) ميكرون، وتشكل ما يقرب من (37%) من مجموع الإشعاعات الشمسية، ويتكون فيها الضوء الذي يميز النهار، وتتشكل الأشعة من اتحاد الإشعاعات ذات الألوان المختلفة، والمتمثلة بالأحمر، والأصفر، والأخضر، والأزرق، والبنفسجي.

3. الأشعة فوق البنفسجية:

هي عبارة عن موجات قصيرة تتراوح أطوالها ما بين (0.1 – 0.4) ميكرون، وتشكل ما يقرب من (12%) من مجموع الإشعاع الشمسي، ولا يصل معظم هذه الأشعة إلى سطح الأرض حيث تحتجزها طبقة الأوزون.

وتتكون زرقة السماء من اختلاط الأشعة فوق البنفسجية مع بعض الأشعة الزرقاء، أما كمية الأتربة والغبار الموجودة في الجو، فتؤثر على وصول هذه الأشعة، فكلما قلت كمية المواد العالقة في الجو ازداد مقدار هذه الأشعة الواصلة إلى سطح الأرض.

العوامل المؤثرة على توزيع الإشعاع الشمسي:

تتأثر كميات الإشعاع الشمسي التي تصل إلى الأرض بعدة عوامل أهمها:

1. زاوية ميل سقوط الإشعاع الشمسي: وهي الزاوية المحصورة ما بين اتجاه سير الأشعة الساقطة على سطح الأرض والاتجاه العمودي على هذا السطح، فالأشعة المائلة تجتاز مسافات أكبر من الغلاف الجوي قبل أن تصل إلى سطح الأرض، أما الأشعة الساقطة عمودياً فتجتاز أقل، وهذا يفسر سقوط الأشعة العمودية على المناطق المدارية، وتكون هذه المناطق أشد حرارة من غيرها. أما المناطق البعيدة عن خط الاستواء فتسقط عليها الإشعاعات الشمسية المائلة، فتكون هذه المناطق أبرد من المناطق الأولى، وكذلك تشاهد هذه الحالة عند الشروق والغروب، إذ إن الأشعة تكون ضعيفة نسبياً بسبب زاوية ميل سقوطها، في حين تكون أقصى ـ قوتها عندما تكون الشمس في أعلى وضع لها وقت الظهيرة، وتكون زاوية ميل الأشعة أصغر من أي وقت آخر، ونفس الشيء يفسر اشتداد قوة الأشعة في الصيف عنها في الشتاء.

2. طول النهار: هذا العامل يحدد طول فترة سقوط الأشعة الشمسية على سطح الأرض، ففي مناطق خط الاستواء يتساوى الليل والنهار في جميع فصول السنة تقريباً، وكلما ابتعدنا عن خط الاستواء، يكون الفرق بين طوليهما تبعاً لمقدار هذا البعد، وكذلك تبعاً لفصول السنة، وحتى تصل على المناطق القطبية، حيث يصل فيها النهار والليل إلى (24) ساعة.

3. البعد بين الأرض والشمس: يبلغ متوسط هذا البعد حوالي (149.6) مليون كيلومتر، وأقصى مدى يصل له هذا البعد في فصل الصيف (الشهر السابع)، ويكون بحدود (147.09) مليون كيلومتر، أما في الشتاء

(الشهر الأول في السنة)، فيصل إلى أدنى مدى له وهو حوالي (152.08) مليون كيلومتر، وعلى الرغم من أن الفرق بين هذين البعدين وبين المتوسط ليس كبيراً، ولكنه يؤدي إلى زيادة أو قلة كمية الأشعة التي تصل على سطح الأرض.

4. **الارتفاع والانخفاض عن مستوى سطح البحر:** تقل درجة الحرارة مئوية واحدة كلما ارتفعنا (150) متراً عن مستوى سطح البحر، ويعود سبب ذلك إلى قلة المواد العالقة في الجو من غبار أو بخار الماء، وكذلك تقل نسبة غاز ثاني أكسيد الكربون، وهذه المواد جميعاً لها قابلية على امتصاص الحرارة، إضافة إلى أن الابتعاد عن سطح الأرض يؤدي إلى قلة في الإشعاع الأرضي، المتمثل بالإشعاع الشمسي المنعكس، وكذلك يحدث انخفاض في الضغط الجوي كلما ابتعدنا عن سطح الأرض.

5. **درجة شفافية الجو:** تعتمد شفافية الجو على وجود المواد العالقة من غبار وثاني أكسيد الكربون، ووجود هذه المواد يؤدي إلى قدرة أكبر على امتصاص الحرارة، أما الجو الخالي من هذه المواد، فيكون ذا مقدرة قليلة على امتصاص الحرارة الشمسية وتشتيتها من جهة حيث تمنع الإشعاع الشمسي من التبدد في الفضاء من جهة ثانية.

أما المناخ المحلي المحدد بمنطقة صغيرة فيكون تأثيره ببعض العوامل أكثر من تأثر المناخ العام بهذه العوامل كالقرب والبعد عن المسطحات المائية والتي يكون تأثيرها ملطف للجو، وكذلك تعمل التيارات البحرية الدافئة والباردة على تلطيف درجات الحرارة بالإضافة إلى شكل السواحل واتجاه الرياح ونوع الغطاء النباتي وكذلك لون سطح الأرض حيث تعمل المناطق الداكنة الألوان

على امتصاص معظم الحرارة الساقطة عليها، بينما تكون الحرارة المنعكسة من السطح أكثر من المناطق ذات الألوان الفاتحة.

المناطق الحرارية في العالم:

اهتم اليونانيون القدماء بالمناخ والعوامل المؤثرة فيه، حيث يعدون من أقدم الأقوام التي قامت بتقسيم المناخ العام للعالم إلى أقاليم مناخية، وكان هذا التقسيم معتمداً على زوايا ميل أشعة الشمس الساقطة على سطح الأرض، واعتبار المنطقة المناخية الواحدة ذات ميل لأشعة الشمس متساوٍ لجميع أجزائها وقت الظهيرة، وقد وجد أن درجة ميل الأشعة تتماشى غالباً مع خطوط العرض، وعلى ضوء ذلك فقد قسم سطح الأرض إلى ثلاثة أقاليم حرارية هي:

1. **المنطقة الحارة**: المحصورة ما بين مداري السرطان والجدي.

2. **المنطقتان المعتدلتان**: المنطقة الشمالية، أما المنطقة الجنوبية فتقع ما بين مدار الجدي والدائرة القطبية الجنوبية.

3. **المنطقتان الباردتان**: وتشملان المنطقة الشمالية الواقعة شمال الدائرة القطبية الشمالية، أما المنطقة الجنوبية فتقع إلى الجنوب من الدائرة القطبية الجنوبية.

وقد أدخلت بعض التحسينات على هذا التقسيم، حيث اهتم الباحثون بإيجاد تقسيمات أخرى اعتمدت على تقسيم العالم إلى مناطق حرارية، استناداً إلى خطوط الحرارة المتساوية، أو معدلات درجات الحرارة الشهرية والفصلية والسنوية، ففي تقسيم العالم كوبن (Coppen) قسمت المناطق الحرارية في

العالم استناداً إلى معدل درجات الحرارة الحقيقية وغير المعدلة إلى سطح البحر، وعلى طول الفصل الدافئ أو البارد في كل منطقة. وقد قسم كوبن العالم إلى خمسة نطاقات هي:

1. النطاقات المدارية (Tropical Belt) :

هي المنطقة التي لا يقل معدل درجات الحرارة فيها طوال العام عن (18) مئوية، وتدخل ضمن هذا النطاق المنطقة الاستوائية، والمنطقة المدارية (ضمن هذا النطاق) المحصورتان من الشمال والجنوب بخط الحرارة الحقيقية والبالغة (18) مئوية.

2. النطاقات شبه المدارية (Sub- Tropical Belt) :

هي المنطقة المتميزة بوجود فصل يتراوح طوله ما بين (3- 8) أشهر، ويكون معدل درجات الحرارة في هذا الفصل محصورة ما بين أعلى من (10) مئوية وأقل من (18) مئوية، أما بقية أشهر السنة فقد لا ينخفض متوسط الحرارة فيها عن (18) مئوية.

3. النطاقات المعتدلة (Temperate Belts) :

هي المنطقة التي تتراوح درجات الحرارة فيها ما بين (10 – 18) مئوية لفصل واحد، أو قد يشمل جميع أشهر السنة، أما بقية السنة، فتقل درجات الحرارة فيها عن (10) مئوية.

4. النطاقات الباردة (Cold Belts) :

هي المنطقة التي تكون درجات الحرارة فيها ما بين (10 – 18) مئوية لشهر واحد وتمتد لأربعة أشهر، أما بقية أشهر السنة فتكون درجات الحرارة

فيها أقـل مـن (10) مئويـة، ويكـون الفصـل الـدافئ في هـذا النطـاق أقصر ـ منـه في المنطقـة المعتدلة.

5. النطاقات القطبية (Polae Belts) :

هي المنطقة التي تكون فيها درجات الحرارة طوال السنة أقل من (10) مئوية.

ثانياً: الضغط الجوي:

ينشأ الضغط الجوي نتيجة لتأثير وزن الهواء، لـذلك يعـرف بأنـه عبـارة عـن وزن الهـواء فوق نقطة ما، وهذا الوزن عند سطح البحر يعـادل عمـوداً مـن الزئبـق ارتفاعـه (76سـم) أو (29.92) بوصة أو إنش، ويعـادل كـذلك (1013.2) مليبـار، وإذا زاد الضغط عـن ذلك سـمي مرتفع (H) وإذا نقص سمي منخفض (L) .

يرتبط الضغط الجوي بالرياح ارتباطاً وثيقاً، حيـث إن الضغط الجـوي يـؤثر بشـدة عـلى حركة الرياح واتجاهها، ولما كانت الرياح أيضاً مرتبطة بالأمطار، فإنه يمكن القـول: إن للضغط الجوي تأثير في نظم الأمطار السائدة كذلك.

يستعمل جهاز البارومتر (BAROMETER) في قياس الضغط الجـوي، حيـث يسـجله في وقت معين، وهناك أجهزة أخرى لقياس الضغط الجوي، منها البـاروكراف (BAROGRAPH)، حيث يقيس الضغط الجوي ويسجله لفترة من الزمن على شريط أسطواني، وكذلك هناك جهاز الميكروباركراف الذي يقيس الضغط الجوي بدقة عاليـة، ويوضـح الضغط الجـوي عـادة عـلى الخراط بالمليبار وهو الأكثر شيوعاً في العالم، حيث يبين توزيع الضغط الجوي على الخرائط

بواسطة خطوط الضغط المتساوية (ISOBARS) بعد تعديلها إلى منسوب سطح البحر، وحسب جداول خاصة بذلك.

العوامل المؤثرة في الضغط الجوي:

تختلف الضغوط الجوية الواقعة على أجزاء الكرة الأرضية المختلفة من مكان لآخر، وهناك مناطق ذات ضغوط جوية متحركة تختلف عن التوزيع العام للضغط الجوي، وقد تكون أسباب ذلك اختلافات في الدرجات الحرارية، أو قد ترجع إلى أسباب محلية حسب المناطق المختلفة، وقد يعني هذا أن هناك وجود العديد من العوامل التي تتحكم في الضغط الجوي، فمن المعروف أن سطح الأرض يتكون من اليابسة والماء وكذلك هناك تباين في الارتفاعات على اليابسة من مكان إلى آخر بالنسبة لمستوى سطح البحر، حيث إن الارتفاعات تؤدي إلى نقص وزن عمود الهواء بسبب قلة الغازات الثقيلة، مثل الأكسجين والنيتروجين، وثاني أكسيد الكربون، وبالتالي يكون نتيجة ذلك نقص في الضغط الجوي تدريجياً بمعدل (10) مليبار لكل مئة متر ارتفاعاً، ويستمر هذا المعدل حتى ارتفاع ثلاثة آلاف متر فوق مستوى سطح البحر ثم يبطء تدريجياً في المستويات الأعلى إلى أن يصل إلى (0.7) مليبار في مستوى الارتفاع (30.000) متر.

والجدول رقم (5) يبين المعدل الترتيبي في تناقص الضغط الجوي بالارتفاع:

جدول (5) علاقة مقدار الضغط الجوي بالارتفاع عن مستوى سطح البحر

الارتفاع عن مستوى سطح البحر بالأمتار	معدل التناقص بالضغط الجوي لكل 100م/مليبار
مستوى سطح البحر 0 – 1500	11
3000- 1500	10
4500 – 3000	8
6000 – 4500	7
7500 – 6000	6
15000 – 7500	2.3
3000 - 15000	0.7

وباختلاف درجة الحرارة بين موسمي الصيف والشتاء على اليابسة والماء، فإن الضغط الجوي ينخفض على اليابسة، ويرتفع على الماء في موسم الصيف الحار حيث تكون درجات الحرارة مرتفعة على اليابسة أكثر منها على الماء، ويحدث العكس في فصل الشتاء، وهذا يفسر التأثير الكبير لدرجة الحرارة على الضغط الجوي، وهناك علاقة عكسية بين الضغط الجوي ودرجة الحرارة (في حالة عدم تدخل عوامل أخرى)، فعندما ترتفع درجة الحرارة يسخن الهواء، ويتمدد وبذلك يتخلخل وينخفض ضغطه، في حين انخفاض الحرارة يكون بسبب تقلص الهواء وزيادة كثافته، وبالتالي ارتفاع ضغطه، وعلى ذلك يمكن القول: إن اختلاف درجات الحرارة وما يترتب عليها من تأثيراً على الضغط الجوي فوق المناطق المتجاورة، يعد أحد العوامل في نشأة الدورة الهوائية العامة.

والضغط الجوي يتأثر بالرطوبة الجوية أيضاً، وحيث إن بخار الماء أخف من الهواء، لذا فإنه يبقى عالقاً به، ويستمر ذلك حتى بعد تكاثفه بشكل سحب وضباب، وبسبب ذلك، فإن زيادة بخار الماء في الجو يؤدي إلى تناقص ضغطه، وكلما قل بخار الماء في الجو ازداد ضغطه.

وهنـاك عوامـل أخـرى تـتحكم بالضـغط الجـوي، منهـا التقـاء التيـارات الهوائيـة ذات الاتجاهات المتضادة، فالتقاء هذه التيارات قرب سطح الأرض يؤدي إلى حدوث تيارات هوائيـة صاعدة، ينتج عنها انخفاض في الضغط الجوي، أما إذا حدث التقاء في الطبقات العليا في الجـو، فإنه يؤدي إلى حدوث تيارات هوائية هابطة تسبب ارتفاع الضغط الجوي على سطح الأرض.

التوزيع النظري للضغط الجوي:

لفهـم النظام العـام للضغط الجـوي، والمرتبط ارتباطاً قويـاً مـع دورة الهـواء العـام، أمكـن توزيع الضغط الجوي نظرياً على فرض أن الكرة الأرضية متجانسة، ومكونة من اليابس والمـاء، علماً بأن التوزيع الحقيقي للضغط الجوي يختلف كثيراً عن توزيعه النظري، وذلك للتأثيرات المتداخلة من كثير من العوامل، على حدوث الكثير من التعديلات في نطاقات الضغوط الجويـة النظرية هذه، والشـكل (16) يوضح التخطيط النظري لنطاقات الضغوط الجويـة الرئيسـة المرتبطة مع الدورة الهوائية العامة.

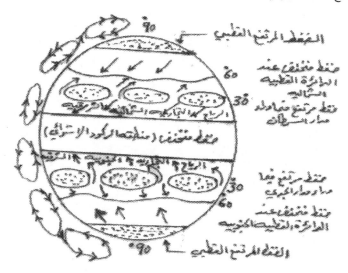

شكل (16) التخطيط النظري لنطاقات الضغط الرئيسية والدورة الهوائية العامة

وفيما يأتي النطاقات النظرية الرئيسة للضغط الجوي:

1. نطاق الضغط المنخفض الاستوائي (الركود الاستوائي):

يتكون الضغط المنخفض في المنطقة الاستوائية، بسبب ارتفاع درجات الحرارة ونشاط واضح للتيارات الهوائية الصاعدة طول السنة، إضافة إلى وفرة الرطوبة التي تساعد على قلة كثافة الهواء، وبالتالي انخفاض في الضغط الجوي، والذي قدر بأقل من (10.13) مليبار، حيث يوجد هذا الضغط المنخفض ما بين خطي عرض (5) شمالاً وجنوباً. ولعدم وجود رياح ظاهرة في هذا النطاق (والذي يسمى أيضاً بالركود الاستوائي)، فإن الهواء الذي يرتفع بسبب التيارات الهوائية الصاعدة يتحرك في أعلى طبقة التروبوسفير ناحية القطبين، ويسقط قسم منه لبرودته بمقابلة مع هواء قادم من القطبين قرب خط عرض (30) شمالاً وجنوباً، وقد يساعد الهواء الهابط هذا على تكون نطاقي الضغط المرتفع وراء المداري، أما الهواء الباقي فيتجه نحو القطبين، وقد يعود سبب تكون التيارات الهوائية الصاعدة في هذا النطاق إلى جذب الرياح التجارية الشمالية الشرقية والتجارية الجنوبية الشرقية، وعن التقائهما ترتفع الرياح إلى طبقات الجو العليا.

2. نطاق الضغط المرتفع وراء المداري (السرطان والجدي):

إن سبب وجود نطاق الضغط المرتفع هذا يعود إلى هبوط الهواء من الأعلى نحو الأرض، ويتواجد هذان النطاقان في المنطقة المحصورة بين خطي عرض (25 – 35) في كل من نصفي الكرة الشمالي والجنوبي، وتتجه الرياح

التجارية في هذين النطاقين نحو مناطق الضغط المنخفض الاستوائي من جهة الرياح العكسية (الغربية) نحو الدائرتين القطبيتين من جهة أخرى.

3. نطاق الضغط المنخفض نحو الدائرتين القطبيتين:

وهما موجودتان بين خطي عرض (45 – 60) شمالاً وجنوباً، والسبب في وجود هذين النطاقين، هو التيارات الصاعدة التي تتكون من التقاء الرياح العكسية الهابة من نطاقي الضغط المرتفع بالرياح القطبية الباردة، التي تأتي من المناطق القطبية الشمالية والجنوبية، وكذلك وفرة الرطوبة في الهواء، وتكثر في عروض الخيل بالرياح القطبية الباردة التي تأتي من المناطق القطبية الجنوبية والشمالية، وكذلك وفرة الرطوبة في الهواء، وتكثر في عروض الخيل هذه الأعاصير خاصة في مناطق التقاء الرياح العكسية الدافئة الرطبة بالرياح القطبية الباردة الجافة.

4. نطاق الضغط المرتفع القطبي:

يرجع سبب وجود الضغط المرتفع فيهما إلى شدة البرودة (المنطقة مغطاة بالجليد طوال العام)، وقلة بخار الماء، إضافة إلى وجود التيارات الهوائية الهابطة من الأعلى، ويرجع البرودة الشديدة في الدائرتين القطبيتين إلى هبوب الرياح القطبية الباردة جداً.

وبصورة عامة لوحظ أن النطاقات السابقة قد تتزحزح بحدود (5 – 10) درجات عرضية نحو الجنوب في فصل الشتاء، ونحو الشمال في فصل الصيف بسبب تزحزح الأقاليم الحرارية العامة تبعاً لحركة الشمس الظاهرية.

التوزيع الحقيقي للضغط الجوي:

ترتبط نظم رياح العالم بالتوزيع الحقيقي للضغط الجوي، والذي يعد أهم مـن التوزيـع النظري أو النموذجي للضغط، ومن المعلوم وجود ارتباط وثيق بين التساقط والرياح، لـذا فإن للتوزيع الحقيقي للضغط الجوي الأثر الفاعـل في معرفـة الكثير مـن الظواهر الحيوية التـي تحدث على سطح الأرض.

يتم التوزيع الحقيقي للضغط الجوي على فصلي الشتاء والصيف، مـع الأخـذ في الاعتبار وجود العديد من العوامل التي تؤدي إلى اختلافها عن التوزيع النظري، ومن هـذه العوامـل تشكيل سطح الأرض من يابسة وماء، واختلاف درجة الحرارة عليهما وكذلك امتـداد اليابسـة والماء في نصف الكرة الشمالي والجنوبي، وتأثيره على هذا التوزيع.

ومن دراسة التوزيع الحقيقي للضغط الجوي يتضح ما يأتي:

1. فصل الشتاء (الشهر الأول من السنة):

يكون الضغط الجوي في هذا الفصل مرتفعاً في غالبيتـه عـلى معظم النصـف الشمالي مـن الكرة الأرضية، وتتزحزح معظم مناطق الضغط الجوي نحو الجنوب لانخفاض درجات الحـرارة في الشتاء وخاصة على اليابسة (شكل رقم 17).

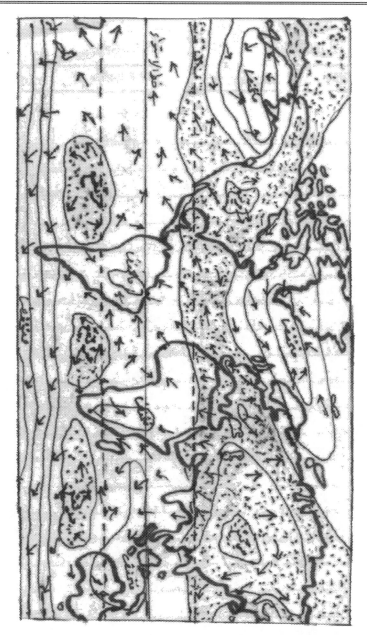

شكل (17) مخطط توزيع مناطق الضغط الجوي والرياح في الشتاء

(شهر كانون الثاني - يناير)

تتكون منطقتان للضغط المرتفع في النصف الشمالي من الكرة الأرضية بسبب شدة البرودة، وقد تقع إحدى هاتين المنطقتين فوق أمريكا الشمالية، والأخرى فوق كتلة أوراسيا، وتتصلان بمنطقة الضغط المرتفع فوق المحيط الأطلسي (الأزوري)، أما مناطق الضغط المنخفض فتتركز فوق الماء فقط، في كل من المحيطين الأطلسي والهادي الشماليين.

وفي نصف الكرة الجنوبي، ولوجود فصل الصيف في الشهر الأول من السنة وكذلك ارتفاع درجات الحرارة فوق اليابسة مقارنة بالمياه، فإنها تتكون مناطق صغيرة من الضغط المنخفض، خاصة فوق أستراليا وأمريكا الجنوبية وجنوب إفريقيا، وتلتقي هذه المناطق الضغط المنخفض الاستوائي الذي يتزحزح جنوباً في فصل الشتاء ويتحرك مركزه إلى جنوب خط الاستواء. وبسبب عظم مساحة المياه من نصف الكرة الجنوبي، فإن نطاق الضغط المرتفع وراء مدار الجدي يتزحزح نحو الجنوب، ويتركز ما بين خطي عرض (35 و40) جنوباً.

2. فصل الصيف (الشهر السابع من السنة):

يكون نظام الضغط الجوي الحقيقي في نصف الكرة الشمالي، مختلفاً تماماً في فصل الصيف عنه في فصل الشتاء خاصة على اليابسة، حيث تتواجد على اليابسة مناطق ضغط منخفض، بسبب ارتفاع درجات الحرارة مقارنة بالحرارة الموجودة فوق البحار والمحيطات، حيث يكون الضغط فيها مرتفع نسبياً (شكل رقم 18).

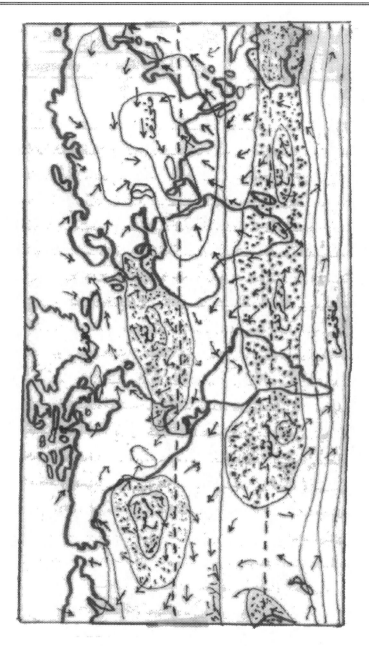

شكل (18) مخطط توزيع مناطق الضغط الجوي والرياح في الصيف

(شهر تموز- يناير)

وقد يؤدي ارتفاع الحرارة فوق أوراسيا وأمريكا الشمالية إلى تواجد منطقتين من الضغط المنخفض (عكس التوزيع النظري للضغط)، وكذلك يتسع الضغط المنخفض عند الدائرة القطبية فوق أوراسيا وأمريكا الشمالية، حيث ينظم إلى الضغط المنخفض الذي يتكون فوق القارتين، وكذلك يتزحزح نطاق الضغط المنخفض الاستوائي نحو الشمال، ويكون في جملته متجهاً نحو الشمال من خط الاستواء، وبذلك يكون القسم الأكبر من نصف الكرة الشمالي واقعاً تحت تأثير الضغط الجوي المنخفض.

أما في النصف الجنوبي من الكرة الأرضية، فيوجد نطاق ممتد من الضغط المرتفع وراء مدار الجدي فوق اليابسة والماء معاً، ويرجع ذلك إلى ضيق اليابسة وسعة مساحات البحار والمحيطات، ما يؤدي إلى قوة تأثيره على الضغط، ويتزحزح هذا النطاق نحو الشمال في فصل الصيف، ويمتد إلى ما بين خطي عرض (15 و 25). وعموماً يكون الضغط المرتفع فوق اليابسة في نصف الكرة الجنوبي أكثر ارتفاعاً منه فوق المحيطات والبحار.

ثالثاً:الرياح:

يعبر عن حركة الرياح أفقياً في الطبقة السفلى من الجو بالرياح، وترتفع الرياح بالضغط الجوي حيث تكون حركة الرياح دائماً في مناطق الضغط المرتفع إلى مناطق الضغط المنخفض المجاورة لها، ولا يكون هبوب هذه الرياح على شكل دورانها حول مركز منطقة الضغط المرتفع (وليس إلى مركز الرياح منها)، ويعود ذلك إلى حركة الأرض حول نفسها، حيث يكون مركز الضغط المنخفض عكس اتجاه عقرب الساعة في نصف الكرة الشمالي، ومع عقارب الساعة في نصف الكرة الجنوبي، ويحدث عكس ذلك تماماً عند هبوب الرياح حول منطقة الضغط المرتفع، وتعرف هذه الظاهرة باسم قانون فرل

(FERREL,S LAW)، أو قاعدة كوريوس (CORLILIS)، ويزداد انحراف الرياح كلما زاد الارتفاع عن سطح البحر.

يستعمل جهاز الأنيمومتر (ANEMOMETER) لقياس سرعة الرياح، أما الوحدة المستعملة فهي الميل والعقدة/ساعة (العقدة = 15 ميل)، أو يستعمل الكيلومتر / ساعة. وتتوقف قوة الرياح أو سرعتها على درجة انحدار الضغط، فكلما كان الانحدار قوياً كلما زادت الرياح وسرعتها. والجدول رقم (6) يبين تصنيف الرياح حسب قوتها وسرعتها وأسمائها وتأثيراتها، حسب مقياس بوفور (BEAFORT - 1805) .

جدول رقم (6) تصنيف الرياح حسب قوتها وسرعتها وأسمائها (BEAFONT,1805) .

رقم بوفور (قوة الرياح)	اسم الرياح	آثار الرياح على سطح الأرض	السرعة ميل/ساعة
صفر	ساكنة	يرتفع الدخان عمودياً	أقل من 1
1	هواء خفيف	يشير الدخان إلى حركة الرياح	1 -3
2	نسيم خفيف	تتحرك أوراق الأشجار ودوارة الرياح	4 -7
3	نسيم لطيف	حركة مستمرة لأوراق الأشجار	8 -12
4	نسيم معتدل	ترتفع الأوراق والغبار من الأرض	13 -18
5	نسيم منعش	تبدأ الشجيرات الصغيرة بالتمايل	19 -24
6	نسيم شديد	تتحرك أغصان الأشجار الكبيرة	25 -31
7	نوء معتدل	تتحرك كل الأشجار	32 -38
8	نوء نشيط	تتكسر أغصان الأشجار	39 -46
9	نوء شديد	تحدث أتلاف بسيطة في المنشآت	47 -54
10	نوء – تام هوجاء	تقطع الأشجار	55 -63
11	عاصفة	تنتشر الأتلاف	64 -75
12	إعصار	أتلاف وتدميرات	أكثر من 75

الميل = 1.6 كيلومتر

أنواع الرياح:

تنقسم الرياح إلى ما يأتي:

أولاً: الرياح الدائمة:

هي الرياح التي بشكل دائم طوال العام تقريباً على الرغم مـن اختلاف سرعتهـا ومـدى انتشارها. من فصل لآخر وأهم أنواعها، (شكل 19):

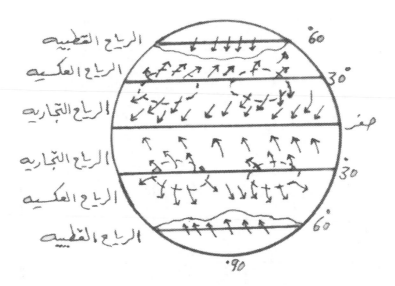

شكل (19) مناطق توزيع الرياح والضغط في العالم

أ- الرياح التجارية (THE WESTERLIES WIUDS) :

تهب هـذه الريـاح مـن مناطق الضغط المرتفع وراء المـدارين باتجـاه نطـاق الضغط المنخفض الاستوائي، وهـذه الريـاح عمومـاً تكون شـمالية شرقية في النصف الشمالي للكرة الأرضية، وجنوبية شرقية في نصفها الجنوبي، وهي غير

منتظمة وغير ثابتة، بسبب الاضطرابات الجوية في العروض المدارية، فهي بذلك متغيرة القوة والاتجاهات والسرعة.

ب- الرياح العكسية (THE WESTERLIES WIUDS) :

هي الرياح الموجودة عموماً بين خطي عرض (35 – 60 °) شمالاً وجنوباً، وتهب في المناطق ذات الضغط المنخفض دون القطبين، ويكون اتجاهاتها جنوبياً وغربياً في نصف الكرة الشمالي، وشمالياً غربياً في نصفها الجنوبي، ولذلك تسمى أيضاً بالرياح الغربية.

تختلف الرياح التجارية عن العكسية، بأن هبوبها يكون في المناطق الدافئة نسبياً، لذلك فإنها تعمل على تدفئة المناطق التي تنتقل إليها، ويكون هبوب هذه الرياح أقل انتظاماً وثباتاً من الرياح التجارية، ويعزو ذلك إلى الاضطرابات الكثيرة في الضغط الجوي التي تتعرض لها العروض التي تظهر فيها هذه الرياح، ويكون نتيجتها اختلال هبوبها خاصة في نصف الكرة الشمالي، حيث تتمثل اختلافات درجات الحرارة بسبب تداخل اليابسة والماء، ووجود التيارات البحرية الدافئة، فضلاً عن تقابلها مع الرياح القطبية الباردة الجافة، ما ينتج عن هذا التقابل حدوث الانخفاضات الجوية التي تؤدي إلى حدوث الأعاصير، وتغير في اتجاه الرياح، وأمطار هذه الرياح تسقط في الجهات الغربية من القارات بشكل عام.

جـ- الرياح القطبية (THE POLAR WINDS) :

هي الرياح ذات الاتجاه الشمالي الشرقي في نصف الكرة الشمالي وذات الاتجاه الشرقي الجنوبي في نصفها الجنوبي، وكلما اتجهنا بعيداً عن القطب زاد انحراف اتجاهها نحو الغرب، إلى أن تصبح هذه الرياح شرقية تقريباً.

ثانياً: الرياح الموسمية:

هي الرياح الناشئة نتيجة لاختلافات الضغوط الجوية على اليابسة والماء، لذلك فإن اتجاهها يتغير من فصل إلى آخر، تبعاً لتغير الضغوط الجوية على اليابسة والماء، ففي فصل الصيف تتكون مناطق ضغط مرتفع على الماء، يقابلها مناطق من الضغط المنخفض على اليابسة (بسبب اختلاف الحرارة النوعية بين اليابسة والماء في هذا الفصل)، وهذا بدوره يؤدي إلى تحرك الرياح من الماء إلى اليابسة، حيث تكون هذه الرياح رطبة بشكل عام، أما في فصل الشتاء فيحدث العكس، إذ تتكون مناطق ذات ضغط منخفض فوق الماء، ومناطق ذات ضغط مرتفع فوق اليابسة، ما يؤدي إلى هبوب الرياح من اليابسة إلى الماء.

وقد دلت الدراسات على أن قارة آسيا هي أحسن مثل لوجود هذه الرياح، خاصة في الصيف، حيث تهب الرياح من المحيطين الهادي والهندي نحو اليابسة، ولا تسقط أمطارها عليه، أما في فصل الشتاء فيكون اتجاه الرياح، الموسمية في اليابس الآسيوي نحو المحيطين الهادي والهندي، وتكون جافة نسبياً عدا مناطق الجزر التي تصلها هذه الرياح بعد مرورها على المسطحات المائية، فتتحمل بالرطوبة وتسقط أمطارها عليها. وقد تظهر هذه الرياح بشكل أكثر وضوحاً على شبه القارة الهندية.

ثالثاً: الرياح المحلية:

هي الرياح الناشئة من أحد العوامل الآتية: مجاورة اليابسة للماء، واختلافات تضاريسية أو منخفضات جوية، ويكون تأثير هذه الرياح على مناطق صغيرة نسبياً ومحدودة، وتحدث على المستويات المنخفضة في طبقة التربوسفير، ويلاحظ تأثيرها من خلال اختلاف درجات الحرارة مع المناطق

المجاورة لها، وبشكل عام فإن الرياح المحلية تهب في فترات منتظمة مـن السـنة. وفيما يـأتي شرح لبعض أنواع الرياح المحلية:

أ- نسيم البحر:

يحدث هذا النوع من الرياح في المنـاطق السـاحلية مـن العـالم، حيـث اختلاف الحـرارة النوعية بين اليابسة والماء، ففي النهار يحدث تسخين على اليابسة أسرع منه على الماء، ولـذلك فإن الهواء على اليابسة يتمدد محدثاً انخفاضاً في الضغط الجـوي فوقـه ويكون نتيجـة ذلـك اندفاع الهواء البارد نسبياً من البحر، ليحل محل الهواء الحار الصاعد إلى الأعلى فـوق اليـابس، ويعرف هذا الهواء بنسيم البحر (SEA BREEGE)، وفي الليل يحدث العكس إذ يـبرد اليـابس أسرع من الماء، لذا يتكون عليه ضغط مرتفع، أما الماء وبسبب ارتفـاع حرارتـه نسـبياً فيتكـون فوقه ضغط منخفض، مما يؤدي إلى اندفاع الهواء من اليابسة على المـاء، ويعـرف هـذا الهـواء بنسيم البر (LAND BREEGE)، يبدأ نسيم البحر بالحدوث ما بين الساعة العـاشرة والحاديـة عشرة صباحاً، ويكون على أشده في حدود الساعة الثانية ظهراً، حيث يحدث تلطيف للجو في هذه الأوقات في المناطق الساحلية والتي قد تمتد بالعمق إلى حـوالي (15 – 50) كيلـومتر مـن الساحل.

2. نسيم الجبل والوادي:

هي الرياح المحلية التي تحدث يومياً في المنـاطق الجبليـة عنـدما تكون الريـاح العامـة ضعيفة، ويكون ذلك وقت الظهيرة إذا كان الجو دافئاً ومشمساً لحـين تسـخن سـفوح الجبـال بفعل أشعة الشمس، ما يؤدي على تسخين الهواء الملامس لها، وبالتالي فإن كثافته تقل ويتمدد ويرتفع إلى الأعلى ليحل محله

هواء أبرد منه، عن هذا الهواء الصاعد يطلق عليه نسيم الوادي (VALLEY BREEGE).

أما عند غروب الشمس وفي الليالي الصافية، فقد يحدث فقدان للحرارة من اليابسة (الإشعاع الأرضي)، وهذا يؤثر على الهواء الملامس له، ما يؤدي إلى هبوط حرارته وزيادة كثافته، فيتحرك الهواء هابطاً إلى الأودية أو الأراضي المنخفضة المجاورة لها، ويسمى ذلك نسيم الجبل (MEUMTAIN BREEGE).

3. الرياح الناشئة عن اختلاط الضغوط الجوية المحلية:

تتواجد هذه الرياح بسبب الاختلافات المحلية في الضغط الجوي، حيث تحدث انخفاضات في الضغط الجوي، ما يؤدي إلى تحرك الرياح نحوها من المناطق المجاورة لها، والتي تكون ذات ضغط مرتفع. ومن الأمثلة على هذه الرياح، هي الرياح الحارة التي تهب على مصر والمعروفة بالخماسين، وكذلك السموم التي تهب على الجزيرة العربية، والرياح التي تهب على السودان والقبلي على ليبيا والسيروكو (الشرقي) على شمال إفريقيا، حيث تعبر البحر المتوسط أحياناً، ليمتد تأثيرها على إيطاليا ورياح الهرمثان التي تهب على ساحل غرب أفريقيا.

وهناك رياح محلية باردة تهب في فصل الشتاء، كرياح المسترال في فرنسا ورياح البورا التي تهب على شمال إيطاليا، ورياح الترامنتانا التي تهب على أسبانيا وإيطالياً.

الكتل الهوائية:

تغطي هذه الكتل مساحات كبيرة من اليابسة والماء وتعد جـزءاً مـن الغـلاف الغـازي، وتمتاز بتجانس العناصر المناخية فيها خاصة في قطاعاتها الأفقية، ولا سـيماً الرطوبـة والحـرارة ونوع السحب ومدى الرؤية، ولذلك يجب أن يكون السطح الـذي تتكـون فوقـه هـذه الكتل متجانساً، وأن يبقى الهواء فوقـه فترة مـن الـزمن ليكتسـب المميـزات المناخيـة لهـذا السطح المتجانس، خاصة في طبقاته السفلى، وتمتاز المساحات التي تتكون عليها الكتـل الهوائيـة بأنهـا كبيرة فقد تزيد عن المئات من الكيلومترات وسمك هوائها حـوالي أكثـر مـن ثلاثـة كيلـومترات، وهناك عدة أنواع من الكتل الهوائية حسب مناطق تكونها وأهمها:

أ‌- كتل هوائية قطبية قارية: وتتواجد فوق المناطق القطبية التي يغطيها الجليـد بصـورة دائمة، مثل كرينلاد وشمال كندا وسيبيريا، وتكون هذه الكتل باردة وجافة.

ب‌- كتل هوائية قطبية بحرية: وتتواجد فوق المحيطات وفي العروض العليا البـاردة، كمـا هو الحال في شمال المحيط الهادي والمحيط الأطلسي، وكذلك المياه المحيطـة بـالمحيط المتجمـد الجنوبي وتكون هذه الكتل باردة ورطبة.

جـ‌- كتل هوائية مدارية قارية: وتتواجد فوق القارات في المناطق المداريـة، وتمتـاز بأنهـا حارة وجافة ومحملة بالأتربة في أغلب الأحيان.

د. كتل هوائية مدارية بحرية: وتتواجد فوق المحيطات المدارية، وتكون دافئـة ومحملـة بكميات كبيرة من بخار الماء، وتسبب سقوط الأمطار المصحوبة بالعواصف الرعدية أحياناً.

الأعاصير وأضرار الأعاصير:

تحدث الأعاصير عند تقابل كتلتين هوائيتين، إحداهما باردة وأخرى دافئة رطبة، فيندفع الهواء البارد نحو جنوب الهواء الدافئ، الذي يتحرك إلى الشمال من نصف الكرة الشمالي وإلى الجنوب في نصفها الجنوبي، ويكون اتجاه الإعصار على عكس عقارب الساعة في نصف الكرة الشمالي، ومع عقارب الساعة في نصف الكرة الجنوبي، وتصاحب هذه الأعاصير عادة الأمطار، ومن أهم مناطق حدوثها بشكل عام مناطق الانخفاضات الجوية في العروض الوسطى ما بين خطي عرض (35 – 65 ْ) في نصف الكرة الشمالي والجنوبي.

أما أضداد الأعاصير، فهي عبارة عن مناطق من الضغط المرتفع تحيط بها مناطق من الضغط المنخفض، حيث تخرج الرياح من مراكز الضغط المرتفع إلى الخارج، ويكون اتجاهها مع اتجاه عقارب الساعة في نصف الكرة الشمالي، وبعكس عقارب الساعة في نصفها الجنوبي.

رابعاً: الرطوبة الجوية والتكاثف:

1- الرطوبة الجوية: هي بخار الماء المحمول في الهواء بشكل غير مرئي، أما إذا كان مرئياً فقد يأخذ تسميات أخرى، مثل الضباب والسحب والأمطار.

وللاستدلال على وجود الرطوبة الجوية في الهواء تستعمل التعبيرات الآتية:

أ. **الرطوبة النسبية:** وتعرف بأنها نسبة بخار الماء الموجود فعلاً في كتلة الهواء إلى كمية بخار الماء المحمولة في الهواء، تحت ضغط وحرارة معنيين، أو يعبر عنهما بالمعادلة الآتية:

$$\text{الرطوبة النسبية} = \frac{\text{كمية بخار الماء في حجم معين من الهواء}}{\text{كمية بخار الماء في نفس حجم الهواء عند درجة التشبع في نفس درجة الحرارة}}$$

ب.   **الرطوبة المطلقة:** وهي كمية بخار الماء الحقيقية في الهواء ووحدتها غرام/متر مكعب.

ج.   **الرطوبة النوعية:** وهي معدل كتلة بخار الماء الموجودة في واحد كيلوجرام من الهواء.

د.   **ضغط بخار الماء:** وهو الضغط الذي يسببه وجود بخار الماء بالهواء، ويقـاس بـنفس وحدة الضغط الجوي.

2. التكاثف ومظاهرة: التكاثف عبارة عن تحول بخار الماء الموجود في الجـو مـن الحالـة الغازية إلى الحالة السائلة، بسبب انخفاض درجات الحرارة للهواء إلى أقـل مـن درجـة النـدى، ويحدث التكاثف بسبب وجود واحد أو أكثر من العوامل الآتية:

أ- إذا قلت درجة الحرارة في الهواء بفعل الإشعاع فسوف يؤدي ذلك إلى حدوث الضباب والسحب.

ب- ارتفاع الهواء إلى أعلى طبقة التروبوسفير، حيث يؤدي ذلك إلى انخفاض حرارته.

جـ- انخفاض الضغط الجوي في الطبقة القريبة من سطح الأرض، حيـث يـؤدي ذلـك إلى تكوين الضباب.

د- ملامسة الهواء الرطب لسطوح باردة أو هواء أبرد منه، وقد يؤدي ذلك إلى حدوث الندى أو الصقيع.

يتخذ بخار الماء الموجود في الجو أشكالاً مختلفة عند تكاثفه، وأهم هذه الأشكال السحب والضباب والندى، فعند حدوث التكاثف (Condensatuom) على ارتفاعات عليا في الجو تتكون السحب (Clouds)، أما إذا حدث التكاثف بالقرب من سطح الأرض، فيحدث الضباب (Fog) وهو عبارة عن ماء متكاثف عالق في الهواء بطبقة الجو القريبة من سطح الأرض، وقد يحدث الندى (Dew)، والذي هو عبارة عن تكاثف بخار الماء على السطوح المكشوفة.

السحب (Clods) :

هي من أهم مظاهر التكاثف، وتعرف بأنها عبارة عن تجمعات لبخار الماء المتكاثف في الجو بشكل قطرات مائية صغيرة، وقد يختلط بها جزئيات صغيرة من الثلج إذا كانت درجات الحرارة في مستوى السحب دون درجة التجمد.

والسحب هي مصدر الأمطار والثلوج التي تسقط على سطح الأرض، عندما تكون قطرات الأمطار أو الثلوج أثقل من الهواء الحامل لها، وقد تؤثر السحب على الإشعاع الشمسي الواصل إلى سطح الأرض، فتمنع تبرده في الفضاء، ويمكن تصنيف السحب على أساس ارتفاعاتها وأشكالها وألوانها، استناداً إلى تصنيف المنظمة الدولية للأرصاد الجوي (WMO) والجدول رقم (7) يوضح تصنيف مجموعات السحب _1976) BARRY & CHOVLEY

المجموعة	السحب ورموزها	متوسط الارتفاع
أ- مجموعة السحب العليا HIGH LEVEL CLOUDS	1. سحاب (CI) CIRRUS سحابة عالية رقيقة 2. سمحاق ركامي (CC) CIRROSTRATUS	يختلف الارتفاع من مكان إلى آخر في المتوسط يكون ما بين (10 - 15) كيلومتر وتتكون بلورات ثلجية بشكل عام
ب- مجموعة السحب المتوسطة الارتفاع	4. الركام متوسط الارتفاع (AC) AETOCUMULUS. 4. الطبقي متوسط الارتفاع (AC) AETOSTRATUS 5. المزن الطبقي (NS) NIMBOSTRATS	يتراوح الارتفاع بين (2- 8كم)
جـ- مجموعة السحب المنخفضة LEW LEVEL CLAUDS	6. الركام الطبقي (SC) STRATOCUMULUS. 7. الطبقي (ST) STRATUS	يقل ارتفاعها عن (2كم) وقد تهبط قاعدتها وتصل إلى سطح الأرض فتظهر بشكل ضباب.
د- مجموعة السحب ذات النمو الرأسي. CLAUDO WITH VERTICAL DEVELAPMENT	8. الركام (CU) CUMULUS. 9. الركام المزني (CB) CUMULONIMBUS	تظهر قاعدتها في منطقة السحب المنخفضة تمتد رأسياً إلى أعلى وتصل قمتها إلى منطقة السحب المتوسطة ومنطقة السحب العالية على حسب درجة نموها.

الأمطار (RAIN GALL) :

وتعد الأمطار من أهم مظاهر التكاثف على الإطلاق، لأنها الأساس الذي تعتمد عليه كافة الأنواع الحية، إضافة إلى العوامل التي تؤدي إلى تشكيل ظاهرة سطح الأرض.

تتساقط الأمطار إذا توفر شرطان أساسيان هما:

- أن يكون الهواء مشبعاً ببخار الماء.

- أن يرتفع الهواء المشبع إلى أعلى، لكي تنخفض حرارته ما دون درجة الندى. وإن سبب ارتفاع الهواء إلى أعلى الجو قد يعود إلى إحدى النقاط الآتية:

أ- صعود الهواء بسبب تسخين الأرض.

ب- قد تعترض الجبال مسار الرياح، ما يؤدي ذلك إلى ارتفاعها في الجو.

جـ- صعود الهواء الدافئ فوق الهواء البارد عند التقاء كتلتين هوائيتين متضادتين في الاتجاه والخواص.

واستناداً إلى ما تقدم من أسباب، فإنه بالإمكان تقسيم الأمطار إلى الأنواع الآتية:

1. الأمطار التصاعدية:

هي الأمطار التي تحدث نتيجة لتسخين الهواء وتمدده، ومن ثم ارتفاعه إلى أعلى في الجو بشكل تيارات هوائية صاعدة تحمل معها بخار الماء، الذي يتكاثف في طبقات الجو العليا، ويمكن تسمية هذه الأمطار أيضاً بالأمطار الانقلابية،

ويمكن حدوث هذه الأمطار في أوقات بعد العصر ـ أو في المساء على الغالب، ـ ويكون ذلك بشكل خاص في السهول وعلى الهضاب الاستوائية وعلى المناطق الصحراوية.

2. الأمطار التضاريسية:

هي الأمطار التي تتكون في المناطق الجبلية والمرتفعات، فعندما تواجه الرياح الرطبة هذه المرتفعات فإنها ترتفع إلى أعلى مسببة في خفض حرارة الهواء، ما يؤدي إلى تكاثف بخار الماء وسقوطه في الغالب على المنحدرات المواجهة لهبوب الرياح ويقل أو ينعدم عند المنحدرات في الجهة الثانية.

3. أمطار الجبهات:

هي الأمطار الشتوية المتكونة في أوروبا والبحر المتوسط وغرب آسيا، فعندما تتقابل كتلتان هوائيتان إحداهما دافئة والأخرى باردة، فإن الكتلة الهوائية الدافئة ترتفع إلى أعلى فوق الكتلة الباردة، وهذا يؤدي على تكاثف بخار الماء الموجود في الكتلة الدافئة وهطوله على شكل أمطار.

البرد (HAIL) :

هو أحد أشكال التساقط ويكون على هيئة كرات صغيرة من الجليد، تتساقط على شكل أمطار عند حدوث العواصف الرعدية. وتتكون هذه الكرات نتيجة لتكاثف بخار الماء في داخل سحب المزن الركامي، نتيجة لنشاط التيارات الهوائية الصاعدة، شرط أن تكون درجة الحرارة داخل السحابة دون مستوى درجة التجمد، وعند زيادة حجم هذه الكرات تبدأ بالتساقط نحو الأرض، وتعود فترتفع نتيجة لتأثير التيارات الهوائية الصاعدة فتتكاثف حولها

طبقة أخرى من الجليد، وهكذا تتكرر العملية إلى أن يصبح ثقلها أكثر مـما تسـتطيع التيـارات الصاعدة حمله فتسقط نحو الأرض.

وبناء على ما سبق ذكره، فإن هناك بعض الشروط الواجب توافرها لتكون البرد وسقوطه على الأرض، وأهم هذه الشروط: وجود التيارات الهوائية الصاعدة، وانخفاض درجة الحرارة في طبقات الجو التي تحوي السحب إلى ما دون درجة الانجـماد، وعـدم ارتفـاع درجـة الطبقـات السفلى في الهواء، حتى يؤدي إلى انصهار كرات البرد قبل وصلها إلى سطح الأرض.

وبسبب عدم وجود التيارات الهوائيـة الصـاعدة، فـإن ظـاهرة تكـون البـرد لا تتكـون في المناطق القطبية. وكذلك فإن المناطق الاستوائية تخلو من هذه الظاهرة بسـبب ارتفـاع درجـة حرارة طبقات الجو، ما يؤدي إلى انصهار البرد قبل وصوله إلى سطح الأرض.

الثلج (SNOW) :

هو أحد أشكال التساقط أيضاً، ويكون عبارة عن بلورات رقيقـة جـداً مـن الـثلج يسـقط على الأرض، مثل سقوط الأمطار تماماً، ويحدث نتيجة لانخفاض درجات الحرارة في طبقـات الجو، التي تسبح فيها السحب إلى ما دون درجة التجمد، ويحدث تسـاقط الثلـوج بكـثرة في المناطق الباردة، كما يمكن حدوثها أيضاً في أعلى طبقة التروبوسفير في الأقاليم الدافئة، ولكن غالباً ما ينصهر الثلج قبل وصوله إلى سطح الأرض، وبشكل أمطار على هذه الأقاليم.

الصقيع (FROSK) :

هو تحول بخار الماء الموجود في الهواء أثناء الليل إلى بلورات صغيرة من الثلج فوق أسطح النباتات والأجسام الصلبة المعرضة للهواء، بسبب هبوط درجات الحرارة المفاجئة، أو خلال وقت قصير إلى درجة التجمد أو دونها.

الضباب (FOG) :

هو عبارة عن بخار الماء المتكثف في الهواء القريب من سطح الأرض ويكون بشكل جزيئات مائية صغيرة متطايرة في الهواء، وبسبب تقليل مدى الرؤيا إلى أقل من كيلومتر واحد، وقد يكون الضباب مخلوطاً مع بعض جزيئات الغبار أو الدخان العالق في الهواء، فيكون بذلك أحد ملوثات الهواء خاصة في المناطق الصناعية.

وقد يكون الضباب كثيفاً جداً بحيث يمنع الرؤية إلى أبعد من بضع أمتار، أو يكون خفيفاً جداً لا يؤثر على الرؤية إلا لمسافات بعيدة أكثر من كيلومتر.

الندى (DEW) :

هو عبارة عن قطرات من الماء، تتكون أثناء الليل في ساعاته الأخيرة على أسطح السيارات، أو زجاج النوافذ والأشجار، وكثير من الأجسام الأخرى المعرضة للجو، ويحدث الندى بسبب برودة هذه الأجسام أثناء الليل، أكثر من الهواء المجاور لها، فإذا ما قلت درجة حرارة هذه الأجسام إلى درجة الندى الخاصة بالهواء الملاصق لها دون هذه الدرجة، فإن جزء من بخار الماء يتكثف على سطحها بشكل نقاط مائية صغيرة يزداد تركمها، كلما زاد انخفاض درجة الحرارة.

الفصل الرابع

التربـــة

الفصل الرابع

التربة

المبحث الأول: مفهوم التربة وتكويناتها:

يهتم الجغرافيون بدراسة التربة لأهميتها، من حيث كونها مورداً طبيعياً مهماً، ومصدراً لحياة جميع الكائنات الحية الموجودة على سطح الأرض، من حيوان ونبات (غذاء وكساء ومأوى)، وكذلك فإن التربة بالمقابل تعتمد عليهم أيضاً لاستمرار خصوبتها. وللإنسان دخل كبير فيها، حيث إن فعاليته ونشاطه قد يغيرها، ويؤدي ذلك إلى إزالتها وتعريتها إذا ما أساء استعمالها، وقد يطورها ويزيد من قدرتها الإنتاجية إذا ما أحسن استعمالها، وذلك بإضافة المخصبات المختلفة إليها، وقد يستنزف بعض موادها باستغلالها المستمر للزراعة ولمدة طويلة دون تسميدها أو تعويض ما فقد من خصوبتها.

وقد عرف علم التربية (**Pedolagy**)، بأنه: العلم الذي يعالج التربة على أنه جسم طبيعي له عمق ومساحة سطحية، وعلى أنها أحد نواتج الطبيعة، وقد اختلفت وجهات النظر حول مفهوم التربة بسبب التباين في الطبيعة التكوينية لها، والتداخل الحاصل بين مكوناتها الرئيسة، والتي يؤثر بعضها في بعضها الآخر، إضافة إلى تأثيرها المباشر أو غير المباشر على صفات التربة العامة. وعلى ما تقدم فإن كل مختص ينظر إلى التربة من زاوية عمل اختصاصه الرئيس، وبما يتلاءم وطبيعة وأهداف وأغراض ذلك الاختصاص، فمثلاً نظرة الفلاح إلى التربة كونها المصدر الرئيس لعيشة، لأنها المكان المناسب لإنبات مزروعاته وتربية حيواناته عليها، أما وجهة النظر الهندسية، فتهتم بمدى

ملائمة التربة لاختصاصاتها المختلفة في هذا الحقل، فمثلاً ينظر المهندس المدني على أنها مواد مفتتة يمكن استعمالها كمواد أساسية، لإقامة الطرق والجسور وغيرها من المنشآت المدنية، أما من الناحية المعمارية فقد تكون التربة هي ذلك الجزء من الطبقة العليا للقشرة الأرضية المفتتة التي لها قابلية لإسناد المباني والمنشآت المختلفة، ذات المواصفات المتباينة المناسبة لنشاطه أو غير المناسبة له، لذلك فعليه اختيار التربة ذات المواصفات الجيدة، بحيث لا تؤثر مستقبلاً على استقرارية تلك المنشآت، أما مفهوم الجيولوجي للتربة، فيعتمد على كونها مواد مفتتة ناتجة من بعض عمليات التجوية والتعرية المختلفة للصخور والمعادن المكونة للطبقات العليا من طبقات القشرة الأرضية، والتي ترتبط ارتباطاً كلياً بالتركيب المعدني لتلك الصخور التي نتجت عنها، على حين ينظر العالم البيولوجي للتربة على أنها ذلك الجزء العلوي المفتت من القشرة الأرضية، الذي له القابلية على إسناد فعالية صور الحياة داخل التربة المتمثلة في النبات وأحياء التربة الأخر، أما من الناحية الجغرافية فبالإضافة إلى ما ذكر سابقاً فإن التربة عبارة عن خليط مفتت من المواد العضوية والصخرية والعضوية والماء والهواء، حيث تنمو فيها النباتات، وتستمد غذائها منها، وعليها تعيش الحيوانات، وعلى هذه النباتات والحيوانات يعتمد الإنسان، للحصول على ما يحتاجه إليه من غذاء ومأوى وكساء.

والتربة (Soil)، هي كلمة ذات أصل روماني مشتقة من الكلمة اليونانية (Solum)، والتي تعني مواد أرضية سائبة تنمو فيها النباتات، وقد تطور هذا المفهوم وأصبح يعني أنها مادة جيولوجية نشأت من نواتج تفكك وتحلل الصخور والمعادن وبصورة عامة، فإنها لا تكون تربة معزولة، بل تكون جزءاً من هيئة الأرض (Landscape) المتمثلة بالبيدون (Pedon)، المفرد أو

البيدونات المتعدد (Polypedon) ذات الصفات المتماثلة، لذلك فإن التربة تمثل نظاماً يتميـز بصفات طبيعية متماثلة ومتداخلة بعضها مع بعضها الآخر، بحيـث إذا تغيرت إحداها يكون الناتج تغيراً في الصفات الأخرى، وعموماً فإن هـذه الصفات يمكـن التعبيـر عنها كميـاً، إذ إن بعضها يقاس في الحقل مباشرة وبعضها الآخر يحتاج إلى طرق مختبرية لقياسه.

تمثل التربة نظاماً معقداً جداً، إذ تتكون من ثلاثة أطوار متباينة مـن الصلب والسـائل والغازي، ويتكون الطور الصلب مـن مـواد معدنيـة (38%) وعضـوية (12%) ويشـمل الجـزء المعدني على مجاميع حبيبات الرمل والغرين والطين المتباينـة في الحجم والشـكل والتكويـن المعدني والكيماوي، إن التوزيع النسبي لتلك المجاميع تتباين من تربة إلى أخرى، وقد تتبايـن أيضاً من جزء إلى آخر داخل جسم التربة الواحدة، كما يختلف الجزء العضوي من حيث درجة تحلل مكوناته وطبيعة مصدره، وكذلك نسبته في التربة المختلفـة، أمـا الطور السـائل فيمثـل وجوده الماء والذي يكون حوالي (25%) من مكونات التربة والباقي (25%)، هي نسبة وجـود الطور الغازي، والذي يمثله الهواء في داخل المسامات بين حبيبات التربة، وهي النسب جميعهـا تكون متفاوتة من مكان إلى آخر.

تكوين التربة (Soil Formation) :

كما ذكرنـا سـابقاً مـن أن التربـة الحقيقيـة تتكون مـن مـزج، أو خلط المـواد المعدنيـة والعضوية والماء والهواء بنسب متفاوتة من مكان إلى آخر، علماً بأن المصدر الرئيس للتربة هـو الصخور المكونة للقشرة الأرضية، والتي تكون في حالة تماس مباشر مع الظروف البيئية لفتـرة من الوقت، مما يؤدي على تحطيم هـذه الصخور وتفتيتها وتحليلها بفعل نشاط عمليـات التجوية المختلفة، سواء

الفيزيائية أو الكيميائية أو الحيوية، فالتجوية الفيزيائية تقوم بتحطيم وتفتيت الصخور إلى أجزاء صغيرة في الحجم، في حتى تؤدي التجوية الكيماوية والحيوية إلى تحلل المعادن المكونة للصخور، ما ينتج عنها تكوين مواد هشة غير متماسكة تدعى بالمواد المتولدة أو المادة الأم (**Prent Material**)، التي تتكون منها التربة فيما بعد، وتمثل المادة المولدة حالة التربة عندما يكون الوقت صفراً (أي لحظة ولادة التربة)، ويستمر نشاط عمليات التجوية المختلفة مع استمرار توافر الظروف البيئية المساعدة على نشاطها، ما ينتج عنها تحرر وتوافر العناصر الغذائية المهمة لنشاط الفعاليات الحيوية المتمثلة بالنبات، أو أحياء التربة الأخرى، وتقوم هذه الأحياء النباتية والحيوانية بأخذ امتصاص الماء والهواء، إضافة إلى بعض المكونات المعدنية للتربة، حيث تحتاجها تلك الأحياء لبناء أجسامها، وسد متطلبات تكملة دور حياتها، وبعد انتهاء هذه الدورة تعاد أغلب مكونات تلك الأحياء، سواء المعدنية أم العضوية إلى سطح المخلفات العضوية على سطح المادة المولدة، ويرافق ذلك حدوث تغيير في بعض الصفات، وخاصة اللون والتركيب الكيماوي، وتسمى التربة في بداية تكوينها بالتربة الفتية **Youmg) Soil**)، والتي قد تتطور عند توفر الظروف المناسبة في استمرار عمليات التجوية، إضافة إلى نشاط العمليات البيولوجية، خاصة في الطبقة السطحية في التربة، والتي تكون في حالة تماس مباشر مع الظروف البيئية المحيطة منها، المناخية والحيوية، وكنتيجة لذلك، فإن عمليات تحطيم وتفتيت وتحليل المكونات المعدنية والعضوية للتربة، وتحويلها من حالة إلى أخرى، ينتج عنها تكوين المركبات الغروية القادرة على الانتقال والحركة مع حركة الماء داخل جسم التربة. وتتعرض المركبات الغروية، المتمثلة في معادن الطين، وأكاسيد الحديد والألمنيوم، والمركبات العضوية إلى الحركة عند توافر الرطوبة

وبكميات مناسبة في التربة، حيث تنتقل هذه المركبات من الأجزاء السطحية إلى أجزاء أخرى داخل أو مقطع التربة (**Soil Profile**)، بفعل عمليات الغسل (**Leaching**)، وعمليات الفقد (**Eluvition**)، وينتج عن ذلك تكوين أجزاء من التربة (آفاق **Horigons**)، ذات صفات تختلف عن صفات الآفاق التي تقع فوقها، والتي يطلق عليها عمليات الإضافة والكسب (**Iiluvation**)وبذلك قد تتحول التربة إلى تربة ناضجة (**Mature Soil**)، وباستمرار تأثير العوامل البيئية والبيولوجية ينتج عنها تغيير مستمر في درجة تمايز وتكوني آفاقاً جديدة تضاف إلى الآفاق القديمة، وبذلك فقد تحتوي الآفاق الأولية آفاق ذات صفات تختلف عن الأولية سواء من حيث اللون، أم التركيب، أم المكونات. وتستمر حالة التغيير هذه مع الزمن إلى أن تصل التربة إلى حالة التوازن مع الظروف البيئية، أي أن معدل المواد المضافة إلى جسم التربة، يكون مساوياً لمعدل المواد المفقودة منه، وعندها يمكن أن تدعى الترب بالترب القديمة (**Old Soil**)، أي إن حالة التربة كبقية الأجسام الحية تمر بعدة مراحل، ابتداءً بالولادة أو التكوين، وتليها مرحلة الشباب والنضوج، ثم مرحلة الشيخوخة، وتجدر الإشارة هنا إلى أن عامل الزمن أو الوقت اللازم لتكوين كل نوع من التربة السابقة، قد يستغرق فترات زمنية طويلة إلى طويلة جداً، ويصعب تقديرها، حيث تختلف هذه الفترات حسب الظروف المناخية والطبوغرافية والعوامل الحيوية وغيرها، وبصورة عامة قد يكون التغير في الترب بطيئاً، كما هو الحال في الترب القديمة، أو قد يكون سريعاً نسبياً كما هو الحال مع الترب الفتية.

مكونات التربة:

علمنا أن التربة تحوي أربعة أجزاء، الجزء المعدني، والعضوي، والغازي، والمائي.

1. الجزء المعدني:

يتكون هذا الجزء أساساً من الصخور التي تفتت منها التربة، ويمثل الجزء المعدني القسم الأكبر من حجم التربة، ونظراً لتكون صخور القشرة الأرضية من عناصر مختلفة ومتباينة، فإن الترب التي ستتكون منها ستختلف في عناصرها وطبيعتها أيضاً تبعاً لنوعية هذه الصخور.

ومن المعروف أن صخور القشرة الأرضية، تتكون من صخور نارية ورسوبية ومتحولة عن النارية أو الرسوبية، وإن هذه الصخور تتكون من معدن واحد أو أكثر من المعادن، وحسب نوعيتها، حيث تدخل كجزيئات معدنية تشكل الجزء الأكبر من مكونات التربة، وإن هذه الجزيئات تتكون نتيجة لعمليات التجوية الكيماوية والفيزيائية والحيوية، وتعد الصخور النارية من أكثر الصخور شدة في مقاومة عمليات التجوية المختلفة إذا ما قورنت مع الأنواع الأخرى من الصخور، وبشكل عام تعد الترب المشتقة أو الناتجة من تجوية الصخور النارية ذات تفاعل حامضي (Ph) أقل من (7) إذا كانت شبه السليكا ($Sio2$) فيها أكثر من (66%) أما إذا كانت نسبة السليكا هي بحدود (66 – 52%)، فإن الترب تكون ذات تفاعل متعادل أو حياتي (Ph بحدود 7)، وإذا تراوحت نسبة السليكا ما بين (52- 45%) أو أقل، فإن الترب الناتجة ذات تفاعل قاعدي أو قلوي (Ph أكثر من 7).

والصخور المتحولة (عن الرسوبية) أكثر مقاومة لعوام التجوية في الصخور الرسوبية، أما الصخور المتحولة (عن النارية) فهي أقل مقاومة لعوامل التجوية من الصخور النارية نفسها، لذلك فإن التربة الناتجة عنها تكون أكثر عمقاً من الترب الناتجة من التحول من الصخور الرسوبية، وعموماً يمكن القول، بأن نوعية الصخور للقشرة الأرضية تلعب دوراً كبيراً في تكوين الترب، من حيث النوعية والسمك (أو العمق)، وذلك بمقدار تأثرها بعمليات التجوية.

ويتميز الجزء المعدني من الترب باحتوائه على حبيبات في الطين **(Clay)** والغرين **(Silt)**، والرمل **(Sand)** بنسب مختلفة، وهذه الحبيبات هي مصدر التزود بالمواد الغذائية المعدنية للنباتات، كالبوتاسيوم والفوسفور والحديد، والتي تكون نسبها عالية، وكذلك المغنيسيوم، والبورون، والزنك، والنحاس، والمغنيسيوم، بنسب أقل، وعندما تكون هذه المواد قليلة في الترب، فإن القدرة الإنتاجية لهذه الترب تنخفض، لذا يلجأ المزارعون إلى إضافة المخصبات المعدنية، أو الأسمدة الكيماوية لزيادة القابلية الإنتاجية للتربة، وضمان نمو النبات بشكل مزدهر، ويمكن للنباتات أن تمتص هذه المعادن إذا كانت ذائبة بالماء أو متحدة معه، ويكون ذلك بعد عمليات تفتيت الصخور الميكانيكية وتحليلها كيميائياً حيث ينتج عنها ذرات ذات أحجام ميكروسكوبية متناهية في الصغر وتزداد سرعة التحلل هذه بارتفاع درجة الحرارة وتقل بانخفاضها وقد تتوقف عند درجة التجمد.

2. الجزء العضوي:

تأتي المواد العضوية بالمرتبة الثانية بعد المواد المعدنية، من حيث احتواء التربة على عناصر عضوية، تتكون من حيوانات التربة، والبكتيريا، والبقايا

الحيوانية والنباتية المتحللة جزئياً، وكذلك مادة الدوبال، والدوبال أو الهيومس **(Humus)** عبارة عن مادة جلاتينية تتركها الكائنات الدقيقة الحية بعد تحللها وهضمها للمخلفات النباتية والحيوانية، ويكون لون مادة الدوبال غامق أو أسود، وهي شبيهة بالمادة الغروية، ولها قدرة عالية على الاحتفاظ بالماء والمواد الغذائية اللازمة لنمو النباتات.

وللمادة الدوبال تأثير مهم على التربة، حيث إن وجودها ولو بكميات قليلة ترفع من خصوبة التربة، وتزيد في قدرتها الإنتاجية، وكذلك لها تأثير كبير على الخواص الطبيعية والكيماوية للتربة، فمثلاً وجودها بكميات قليلة جداً بالتربة، تكون مسئولة أكثر من غيرها عن حالة التفكك، أو عدم التماسك بين حبيبات التربة، إضافة إلى أن مادة الهيومس التي تعمل مع جزيئات الطين الدقيقة على تجميع الذرات المعدنية والتي تحتاجها النباتات في غذائها، وتزيد من قابلية التربة على الاحتفاظ بالماء الذي يحتاجها النبات، فضلاً عن أنها تعد المصدر الرئيس للطاقة التي بدونها يتوقف النشاط الكيماوي والحيوي في التربة.

تُعَدُّ مناطق الحشائش هي المناطق المثالية، من حيث احتواؤها على كميات كبيرة جداً من المادة العضوية، إذا ما قورنت مع الأماكن الأخرى، فالحشائش عبارة عن نباتات حولية، تترك بعد موتها كميات كبيرة من المادة العضوية تتراكم في التربة وخاصة على سطحها العلوي وبعمق يتراوح بين (20- 30) سم، وتعد ترب الحشائش من أخصب الترب، وذات قابلية إنتاجية عالية، لاحتوائها على كمية كبيرة من المادة العضوية، وبذلك يكون لون التربة فيها قاتماً أو مائلاً على السواد، وبالإضافة إلى المادة العضوية فإن ترب الحشائش

تحتوي على المواد المعدنية الأخرى، التي تتوافر مع مياه التربة والتي قد ترتفع إلى قرب سطح الأرض بواسطة الخاصية الشعرية.

أما الترب الصحراوية، وبسبب ارتفاع الحرارة وقلة المياه أو كثرة الجفاف فيها فإنها تكون قليلة الغطاء النباتي، وبالتالي قلة كمية المادة النباتية المعرضة للتحلل، وبـذلك تحتـوي هـذه التربة على نسبة قليلة جداً من الدوبال، إضافة إلى ذلك فإن الرياح تعمل علـى نقـل المـادة العضوية إن توفرت إلى مناطق أخرى، بسبب تفكك التربة وتعرضها للتعريـة، وتشبه الأقاليم الباردة الأقاليم الصحراوية بقلة احتوائها على المادة العضوية أيضاً، لأن انخفاض الحرارة يـؤدي إلى البطء الشديد بعمليات التحلل للنبات.

وفي المناطق الاستوائية، وعلى الرغم من وجود كميات كبيرة جداً من البقايا النباتية، فـإن مادة الدوبال تعد قليلة أيضاً، لأن هذه البقايا وبسبب الحـرارة العاليـة وكـثرة الأمطـار، فإنهـا تتحلل بصفة كبيرة جداً، فيتحول قسم منها إلى غازات تفقد في الجو، أو تفقد المـادة العضوية مع المياه بذوبانها فيها.

وعموماً تتواجد المادة العضوية في التربة بنسب مختلفة، فهـي أقـل مـن (1%) في بعـض مناطق المستنقعات مكونة تربة الـ (Beat) الغنيـة جـداً بالمـادة العضوية. وقد يعـود سـبب اختلاف وجود هذه النسب إلى اختلاف درجـات تحلل المـادة العضوية، وبشـكل عـام يمكـن إجمال ما توفره المواد العضوية للتربة، والتي تسـاعد علـى تحسـين صفات التربـة الكيماويـة والفيزياوية الحيوية، وبالتالي توافر أفضل السبل لنمو النبات كما يأتي:

أ- تساعد على الاحتفاظ بخصوبة التربة، بتوفير النيتروجين والفوسفور، والبوتاسيوم والجير، وغيرها من المواد الغذائية الموجود في بناء المادة العضوية.

ب- إنتاج بعض الأحماض العضوية التي تساعد على إذابة مواد التربة، لكي يتمكن النبات من الاستفادة منها وذلك أثناء عمليات تحلل المادة العضوية.

جـ- تساعد على تنشيط حياة الكائنات الحية المجهرية والديدان في التربة.

د- تزيد في قدرة التربة على الاحتفاظ بالماء أو المواد الغذائية الذائبة فيه أو المتحدة معه.

هـ- تحسين بناء التربة وخاصة التربة الطينية الثقيلة، فتجعلها مسامية، كذلك تساعد على تقليل مسامية التربة الرملية.

و- تساعد على تفكيك التربة فتسهل عملية حراثتها، وخاصة في فصل الجفاف، كما تساعد على زيادة تشققها، وبذلك توفر الأجواء الملائمة لتهويتها وتعرضها لأشعة الشمس.

3. الماء:

هي المياه الموجودة داخل جسم التربة والتي تتفاوت مقاديرها تبعاً لظروف التربة البيئية، فقد تكون عبارة عن أشرطة خفيفة تحيط بحبيبات التربة، أو قد تكون مالئة لجميع الفراغات في التربة، وللمياه تأثيرات كبيرة على التحولات الكيماوية والفيزياوية والحيوية للتربة والنبات، وقد تكون سبباً مباشراً في تمليح التربة، حيث تحتوي المياه الأرضية (القريبة من سطح التربة) على بعض

الأملاح والتي ترتفع إلى سطح التربة بالخاصية الشعرية، وعند الجفاف والتبخر فإنها تترك الأملاح، متراكمة على سطح التربة، وعندما تكون هذه المياه الأرضية بعيدة عن سطح التربة، فإن المياه الداخلة في جسم التربة قد تعمل على إذابة الأملاح في التربة (وخاصة الأملاح سريعة الذوبان في الماء)، ونقلها إلى باطن التربة خارج العمق الذي يؤثر على جذور النبات، ومن المعلوم أن النباتات تختلف بحاجتها إلى كميات المياه لسد حاجتها، فمنها ما يحتاج إلى القليل، ومنها ما يحتاج إلى كميات أكبر، ولكن يبقى الماء ضرورياً لحياة النبات، حيث يقوم بوظيفتين أساسيتين، أولاهما، الإرواء. وثانيهما نقل الغذاء، لأن النبات لا يمكن أن يمتص غذائه إلا إذا كان مذاباً بالماء، وتختلف الترب باحتوائها على الماء، ولكن جميعها تحتوي عليه، فترب المناطق الجافة تحتوي على كميات ضئيلة جداً من الماء مع وجود مساحات التربة مملوءة بالهواء، أما الترب في المناطق الرطبة وخاصة الترب الطينية فقد تكون حاوية على المياه لدرجة التشبع، ولذلك فإن مساحاتها قد لا تحتوي على الهواء الذي يحتاجه النبات أيضاً كحاجته للماء.

وتتوقف قدرة التربة على الاحتفاظ بالماء على طبيعة نسيجها ومساميتها، فالترب ذات الحبيبات المتوسطة الحجم، تتوفر فيها الكمية المثالية من الماء والهواء اللازمان لنمو النبات، أو الترب ذات النسيج الخشن (التربة الرملية)، فإن قدرتها على استيعاب الماء واطئة، ولكنها تحتوي على كميات كبيرة من الهواء، ويكون العكس صحيحاً بالنسبة للترب الطينية (ناعمة النسيج) ذات المساحات المملوءة بالماء وقليلة الهواء.

وهناك عدة عوامل تؤثر على فقدان التربة لمياهها وجفافها، وأهم هذه العوامل: الغطاء النباتي، وارتفاع درجات الحرارة، وقلة الرطوبة والرياح. فالكميات تستهلك كميات كبيرة من المياه، إضافة إلى فقدانها عن طريق عملية النتح (في النبات)، وعملية التبخر (في النباتات والتربة والمياه)، ويلعب ارتفاع درجات حرارة الجو والجفاف وكذلك سرعة الرياح دوراً مهماً في انخفاض كمية المياه في التربة، أو فقدانها أو حتى جفاف التربة.

4. الهواء:

وهو مهم جداً للتربة كالماء، والمواد المعدنية والعضوية، حيث تعتمد النباتات في صنع جزء من غذائها على الهواء، فالسكر والنشا والدهون والشحومات، تصنع من قبل النبات عن طريق أخذ الأكسجين وطرح ثاني أكسيد الكربون عن طريق عملية التنفس، فضلاً عن أهمية الهواء في تنفس أحياء التربة. وتعتمد كمية الهواء في التربة على نسيجها ومساميتها، وهو كذلك الكامن حيث يكثر في الترب ذات المساحات الكبيرة، ويقل وجوده في الترب الصغيرة قليلة المسامات.

المبحث الثاني: عوامل تكوين التربة:

تتكون التربة بعد سلسلة طويلة في العمليات التي تبدأ بعمليات التجوية الكيماوية والفيزياوية، ليتم بعدها تحويل ما أنتجتها هذه العمليات من مفتتات صخرية إلى تربة حقيقية، وهناك عدة عوامل تؤثر في تكوين التربة، حيث تتداخل هذه العوامل مع بعضها مع بعضها الآخر وأهم هذه العوامل الذي يؤثر بشكل رئيس وكبير على تكوينها ويسيطر على صفاتها هي:

1.الصخور الأصلية والمادة الأم (Parnel Material) .

2. المناخ (Climate) .

3. الأحياء (ومن ضمنها الإنسان) (Organsim) .

4. التضاريس (Topography) .

5. الزمن (Time) .

1. الصخور الأصلية (المادة الأم):

إن وجود التربة بدون وجود الصخور الأصلية المكونة للتربة فوق هذه الصخور، تكتسـب نفس صفات الصخر الأصلي، إلا إذا كانت هذه التربة منتقلة من مكان تكوينها إلى مكـان آخـر (مكان ترسيبها)، وقد تكون الترب المتكونة غير متشابهة رغم تشابه صخور الأم، ويرجـع ذلـك إلى اختلاف العوامل الأخرى، مثل المناخ والماء والأحياء وعامل الزمن، فالترب الناشئة مـن نـوع واحد من الصخور في منطقتين من العالم، لا يشترط أن يكون متشابهاً في كمية المـواد العضوية الموجودة فيها، أو اللون أو في النسيج، نظراً لاختلاف العوامل الأخرى المؤثرة فيها.

وتختلف الترب أيضاً حسب نوع الصخور، فالصخور النارية ينتج عنها تـرب تكون في غالبيتها ضحلة، وتحتاج إلى فترة زمنية طويلة جداً لتكوينهـا، مقارنـة بـالأنواع الأخـرى، وذلـك بسبب شدة مقاومة هذه الصخور لعمليات التجوية (لصلابتها).

أما الصخور المتحولة فتبدي مقاومة أقل من الصخور النارية لعوامل التحلل، فـإن الـترب المتكونة منها تكون أسرع بقياس الزمن، وأعمق قليلاً من

التربة الناتجة من تحلل الصخور الرسوبية التي تكون سهلة التحلل، مقارنة بالصخور الأخرى، لذا فإن الترب الناتجة عنها سريعة التكوين وعميقة غالباً مع اختلاف في التركيب الكيميائي والفيزياوي، ودرجة تماسكها، تبعاً للمعادن والصخور الداخلة في تركيبها، والمواد التي كونتها والظروف التي أثرت في ترسيبها.

2. المناخ:

هو من العوامل المهمة التي تؤثر في تكوين التربة، إضافة إلى الصخور الأم التي تعطي الصفات المميزة للترب، ويكون ارتباط الأقاليم المناخية وثيقاً مع أقاليم الترب في العالم، التي تتميز بتشابه كبير بينها، بصرف النظر عن الصخور الأساسية المكونة لهذه الترب.

وتتأثر التربة خلال تكوينها بالعوامل المناخية بشكل مباشر، أما النباتات والحيوانات، فيكون تأثيرها على التربة بشكل غير مباشر، إضافة إلى التأثيرات الجانبية الأخرى، كالطبوغرافية، والانحدار والصرف، والتي تتأثر هي أيضاً بالعوامل المناخية، وتؤثر بالتربة بعد ذلك. وتلعب مياه الأمطار والثلوج وزحف الجليد دوراً مهماً في تهشيم الصخور وتفتيتها (تجوية فيزيائية)، وكذلك في عمليات تحلل هذه الصخور الناتجة من عملية التجوية الكيماوية، التي تؤثر بشكل كبير في اختلاف الترب الناتجة عن هذه العمليات.

كما أن للمياه المتسربة إلى داخل التربة أهمية كبيرة في تكوين الصفات المميزة للترب المختلفة، حيث تعمل هذه المياه على إذابة وتفاعل بعض المعادن والعناصر الكيماوية الموجودة في الصخور الأصلية، مكونة مركبات كيماوية جديدة، قد تتسرب مع المياه في طبقات التربة العليا إلى طبقات التربة السفلى،

وبذلك تكون الطبقات العليا خالية من كثير من المعادن (وخاصة الطين والأملاح)، ومـن جهـة أخرى تعمل المياه على إذابة أملاح التربة بواسطة الخاصية الشعرية فالمياه تتبخـر مـن سطح التربة تاركة الأملاح مترسبة على السطح، أو قريبة منه (خاصة في المناطق الجافة وشبه الجافـة في العالم)، وقد يحدث ذلك عندما تكون المياه الأرضية غنيـة بـالأملاح، فإن الميـاه ترتفـع إلى سطح التربة بواسطة الخاصية الشعرية تاركة الأملاح على السطح.

وللمياه أهمية كبيرة أيضاً في عمليات غسل التربة، وتخليصها من الأملاح والمواد المعدنيـة والعضوية، وقد تتسرب هذه المواد إلى الطبقة السفلى في التربة، تاركة الترب السطحية خشنـة القوام وخالية من معادن الطين.

ويعد عاملاً الحرارة والإشعاع من العوامل المناخية المهمة في تأثيرها علـى تكـوين التربـة، نظراً لما تسببه الحرارة من زيادة في سرعة التحلل الكيماوي للتربة، أي أنـه يتضـاعف إذا زادت درجة الحرارة عن (10°م)، وكذلك يـزداد نشـاط الفعاليـات النباتيـة والحيوانيـة كلمـا اقتربـت درجة الحرارة من الوسط الحراري المناسب لها، هذا مع العلم أن التحلل الفيزيائي للتربة يزداد بزيادة التباين بين درجات الحرارة كما تؤثر حرارة التربة على نسبة تبخر مائها، وبالتـالي يـؤدي أحياناً إلى تكون الندى الذي يؤدي تبرده الشديد إلى تجمد الماء في الفراغات.

ورغـم قلـة نسـبة وصول الإشـعاع الشمسيـ إلى التربـة، فإنهـا مهمـة في تسـخين التربـة، ويتوقف ذلك على لون التربة، لأن ذلك قد يحدد مدى استجابة سطح التربة لامتصاص الإشعاع الحراري أو فقدانه.

3. الكائنات الحية:

تشمل هذه الكائنات النبتات والحيوانات، إضافة إلى فاعليات الإنسان، وكل هذه الكائنات لها دور مهم في تكوين التربة، فالغطاء النباتي مثلاً يمد التربة بالمخلفات النباتية التي تشمل الأوراق المتساقطة، والجذور الميتة، والتي تكون مسئولة عن المحتوى العضوي بالتربة، كما أن هذه المخلفات تلعب دوراً مهماً وأساسياً في بعض العمليات، وخاصة التجوية الكيماوية والفيزياوية، وقد يكون للغطاء النباتي دور غير مباشر في تعديل نظام مناخ التربة، وتأثير ذلك على خواصها، وعند تواجد المواد العضوية التي تتحلل إلى دوبال، فإن التربة تصبح لديها القدرة على تجميع وتكوين المواد الغذائية المعدنية، التي تمد النباتات بما يحتاج إليه من غذاء، وبنفس الوقت فإن البقايا النباتية، قد تكون ضرورية كغذاء للكائنات الحية الدقيقة، التي تعيش في التربة والتي تعمل بدورها على تحليل البقايا النباتية والحيوانية، إلى مادة عضوية تضاف إلى التربة وتزيد في خصوبتها.

وعادة ما يقسم النباتي إلى أعشاب، أو حشائش وشجيرات أو أشجار، وتختلف وجود المادة العضوية في طبقات التربة، حسب مخلفات الأقسام المختلفة من الغطاء النباتي، فالترب المتكونة تحت الحشائش تحتوي على مادة عضوية كبيرة مقارنة بالبقية في الترب، أما الترب المتكونة تحت أشجار الغابات المتساقطة الأوراق، فإنها تحتوي على كمية أوفر من المادة العضوية، ما تحتويه الترب المتكونة تحت أشجار الغابات الدائمة الخضرة، وكذلك تحتوي الترب المتكونة تحت أشجار الغابات ذات الأوراق العريضة، ما تحتويه الترب المتكونة تحت أشجار الغابات ذات الأوراق الإبرية.

أما الكائنات الحية الأخرى كالبكتيريا، والفطريات، والديدان، والخنافس، والحيوانات الأخر، فإن لها دور كبير في تهشيم وتكسير أنسجة البقايا النباتية المتراكمة داخل التربة وعلى سطحها، لكي تصبح طعاماً سهلاً للأحياء الدقيقة التي تعمل على تحويلها إلى هيومس، والذي يعد من أهم مكونات خصوبة التربة، وكذلك تعمل هذه الأحياء على مزج مواد التربة الصخرية بالمادة العضوية.

أما الإنسان فإن له دور فاعل وأساسي في عملية البناء والهدم للغطاء النباتي، فهو يقوم بعمليات الخدمة الزراعية، مثل الري والحرث والعزق والتسميد، وكذلك عمليات استصلاح الأراضي وإدخال نباتات جديدة على البيئة المحلية، وتنمية الغطاء النباتي والحفاظ على التربة من التعرية والانجراف، إضافة إلى دوره الفاعل فقدان التربة لخصوبتها عن طريق الرعي الجائر، وقطع الأشجار، والمساهمة بتعرية التربة بعد إزالة الغطاء النباتي عنها.

وقد فكر الإنسان حين زاد الطلب على الغذاء، بزيادة قدرة التربة الإنتاجية عن طريق استعمال المخصبات، وإضافة الأسمدة، وعمليات غسل التربة وتخليصها من الأملاح، وردم المستنقعات وتحويلها إلى أراضي زراعية، إضافة إلى تصريف المياه الزائدة التي تعيق نمو النباتات، كل ذلك في سبيل زيادة إنتاجية الأراضي لغذاء الإنسان والحيوان على سواء.

4. التضاريس وأشكال سطح الأرض:

للتضاريس وأشكال سطح الأرض أهمية كبيرة في تكوين الترب، لما لها من تأثير كبير على المناخ والغطاء النباتي، حيث إنه كلما زاد الارتفاع عن سطح البحر كلما كان المناخ رطباً "وبارداً"، ويتبع ذلك اختلاف في نوع الغطاء

النباتي وبالتالي اختلاف نوعية التربة الموجودة، وكذلك تـأثير التضـاريس وأشـكال سـطح الأرض على كميات الميـاه المتسرـبة، أو النافـذة مـن خـلال سـطح التربـة والتـي تـؤثر عـلى الجريـان السـطحي للميـاه، وبالتـالي إلى نشـوء ظـروف رطوبـة مختلفـة في المنطقـة الواحـدة، حسـب الارتفاعات والانخفاضات والمنحدرات، وبالنتيجة تؤدي إلى تكوين أنواع مختلفة من الترب.

ويعد انحدار الأرض وما يسببه من تعريفة وجرف للتربة، من العوامل التي تعطي التربة سماتها الرئيسة، فالمناطق ذات الانحدار الشديد تتميز بضحالة تربتها وانتقال التربة مـن أعـلى المنحدر إلى أسـفله، بفعـل الجاذبيـة الأرضـية، إضـافة إلى فعـل الأمطـار التـي تجـرف الطبقـة السطحية، ما يقلـل مـن سـمكها. وفي المنـاطق المعتدلـة الانحـدار تكـون سرعـة جريـان المياه معتدلة، ما يسمح للتربة بالاستقرار النسبي بحيث تكـون المـواد المزالـة منهـا مسـاوية تقريبـاً للتربة المتكونة بواسطة التجوية، ويكون عمق التربة مسـاوياً تقريبـاً للتربـة المتكونـة بواسـطة التجوية، ويكون عمق التربة أكثر من الـترب الواقعـة عـلى المنحـدر، أمـا في المنـاطق المسـتوية والواقعة أسفل المنحدر، فإن حركة المياه السطحية فيها معدومة أو بطيئة جـداً، أو قـد تـؤدي إلى تجميع المياه، وتكوين المستنقعات أو الأهوار، إضافة إلى أن هذه الـترب تكـون ذات عمـق جيد نظراً لاستلامها الترب المتحركة من أعلى المنحـدر إلى أسـفله، كـما أن للتضـاريس وأشـكال سطح الأرض أثرهما على حرارة التربة، حيث تستقبل المنحدرات أشـعة الشـمس بميـول وزاويـا مختلفة، الأمر الذي يصاحبه اختلاف في كمية الحرارة المكتسبة، والتي بدورها تـؤثر عـلى نـوع وجود الغطاء النباتي وكثافته، وبالتالي تأثيره على نوعية التربة المتكونة. وللتضاريس أيضـاً تـأثير كبير على عمق مستوى الماء الأرضي في

التربة، حيث إن هذا المستوى مهماً في تكوين التربة المحلية وظهورها، خاصة في المناطق المنخفضة للبيئات الصحراوية وشبه الصحراوية الجافة.

5. الزمن:

لتكوين أي تربة فإنها تحتاج إلى مرور بعض الوقت، ولا يمكن تقدير هذا الوقت، إذ أن المدة تختلف حسب الظروف المناخية والطبوغرافية، والعوامل الحيوية الأخرى، فالترب بصفة عامة تخضع للتغيير المستمر بمرور الزمن، ولكن هذا التغيير يحدث ببطء شديد، وعلى هذا الأساس يعد الزمن عاملاً أساسياً في تكوين التربة، وقد يستغرق ذلك بضع مئات أو آلاف من السنين.

وتمر التربة أثناء فترة تكونها بعدة مراحل، تبدأ بأن تكون مشابهة لخواص المادة الأصلية التي تكونت منها، بعدها تمر بمرحلة أخرى إذ تكون سرعة التغيير مختلفة، ويتوقف طول الفترة الزمنية أو قصرها على كثافة عمليات التجوية التي تسود هذه المرحلة، لذا فإن بعض الترب تتطلب فترات طويلة، وأخرى فترات أقصر حسب طبيعة عمليات تجويتها، أما المرحلة الأخيرة من تكوين التربة فتكون بطيئة: إذ يقال التربة وصلت إلى حالة التوازن مع بيئتها، إلا أن تغير التربة مع الزمن أصبح صفراً والتربة يقال عنها: أنها أصبحت متطورة، ولهذا السبب فإنه يعبر عن عمر التربة بدرجة تطورها بدلاً من عدد السنوات، وتبقى التربة بعد هذه المرحلة مستقرة، إلى أن يحدث أي تغيير في أحد عوامل التكوين، حيث تبدأ الدورة من جديد.

من الجدير بالذكر أن سرعة تكوين التربة تعتمد على نوع الصخور الأم المكونة لها، إذ أن الصخور شديدة المقاومة لعمليات التجوية، وقد تتطلب وقتاً أطول من الصخور الهشة.

المبحث الثالث: خصائص التربة:

دلت الدراسات المورفولوجية على أن مقطع التربة (Soil Profil)، هو الوحدة الأساسية المتكاملة التي تعكس الحالة التكوينية للتربة ودرجة تطورها. ويتكون عقد التربة من مجموعة من الآفاق (Horigors) المترابطة وراثياً، وذات خصائص تظهر تأثير عمليات تكوين التربة السائدة المعتمدة وشدة تأثيرها على طبيعة العوامل البيئية للمنطقة.

ولغرض تحديد وتشخيص آفاق عقد التربة، يتم فحص الصافات المورفولوجية والفيزياوية والكيماوية لها والتي تحدد موقعياً في الميدان (الحقل)، إضافة إلى أخذ بعض الصفات التي يجب تحديدها مختبرياً. ومن أهم صفات التربة المستعملة في تمييز الآفاق وتشخيص الأنواع المتباينة من الترب هي:

1. لون التربة (Soil Color) :

هو من أهم الصفات المورفولوجية للتربة، وأكثرها استخداماً في تمييز وتحديد أنواع وآفاق عقد التربة المختلفة، وتكمن أهمية هذه الصفة بعلاقتها المباشرة في تغيير ظاهرة التطور في الترب، وتحديد بعض العمليات السائدة في التربة إضافة إلى سهولة تمييز الإنسان لهذه الصفة.

ويتوقف لون التربة، محتوياتها المختلفة من مواد عضوية، ومعدنية، والمحتوى الرطوبي لها، فاللون الأحمر والأصفر في التربة يدل على وجود أكاسيد الحديد، فضلاً عن وجود الصرف والتهوية فيها، أما الألوان القاتمة فتدل على وجود كميات كبيرة من الدبال (المادة العضوية) والنيتروجين، فهي بذلك تكون خصبة، أو قد تكون رديئة الصرف وعالية الرطوبة، وتدل الألوان الفاتحة القريبة للبياض عن وجود الأملاح وحالة الجفاف، إضافة إلى أن لون

التربة يكون دليلاً لأنظمة تصنيف وتسمية الترب القديم والحديث، ولغرض إعطاء الوصف الكامل للون التربة سواء السائد في الأفق أم على شكل تبقع (والتي توجد في بعض الآفاق) يقارن لون نموذج التربة مع الألوان الواردة في دليل الألوان، المسمى أطلس ألوان منسل (Monsel Color Chart) وبذلك يأخذ النموذج اسم لوحة اللون المقارب له في الأطلس.

2. نسجة التربة (Soil Texture) :

هي من الصفات الثابتة نسبياً حيث لا تتغير مقارنة بالصفات الأخرى للتربة، وتعبر نسجة التربة عن طبيعة التوزيع النسبي لحجوم حبيباتها الرئيسة والمتمثلة بالطين والغرين والرمل، وقد تعبر أيضاً عن درجة نعومتها أو خشونتها، وتتدرج التربة من حبيبات الرمل الخشنة جداً إلى حبيبات الطين الناعمة جداً، ولا تدخل مكونات التربة التي يزيد حجمها عن (2كم) ضمن نسجة التربة (بل تعد حصى أو كرات من الحجر)، ولنسجة التربة أهمية كبيرة في تحديد طبيعة العلاقات المائية، والهوائية للتربة، إضافة إلى قابلية التربة للاحتفاظ بالعناصر الغذائية المهمة لحياة النبات.

تقسم الترب حسب نسجتها على ترب ناعمة أو طينية ذات مساحات صغيرة ومتماسكة، فلذلك هي ذات نفاذية قليلة للمياه، وهناك ترب متوسطة النسجة والتي تتمثل بالغرينية، أما النسجة الخشنة والمتمثلة بالترب الرملية، فإن المساحات فيها كبيرة وذات نفاذية عالية للماء، لذا فإنها تحتاج للري بكثرة دائماً عكس التربة الطينية الناعمة التي تزداد قوة الاحتفاظ بالماء فيها.

3. تركيب التربة (Soil Steutive) :

ويعبر عن طبيعة ترتيب وتنظيم حبيبات التربة الرئيسة (الطين والغرين والرمل)، وتكوين مجاميع ذات أشكال هندسية مختلفة تبعاً لخصائص التربة الكيماوية والفيزياوية، ونوع وأحجام الحبيبات السائدة، إضافة لتوفير المواد العضوية الرابطة لهذه الحبيبات، وتواجد أكاسيد الحديد والمنجنيز، إضافة إلى معادن الطين، فعند توافر حبيبات الرمل بكثرة، فإن التربة تكون عديمة التركيب (St) بسبب ضعف قابلية حبيبات الرمل على الارتباط والتجمع مع بعضها بعضاً، وبالتالي فهي بذلك تكون مفككة، أو يمكن أن تكون النسجة متوافرة على هيئة حبيبات منفردة (Single,Graim) وتزداد عمليات تجمع حبيبات التربة مع بعضها عند زيادة محتوى التربة من الطين، لذلك فإن شكل تركيب التربة، أو بناءها يمكن أن يتطور في عدة محاور في مختلف الاتجاهات، فمثلاً إذا كان تجميع الحبيبات بالاتجاهين الأفقيين يفوق معدل الجميع بالاتجاه العمودي، فإن التركيب يكون من النوع الصفائحي (Platy). وفي حالة استمرار التجميع بصورة متوازنة في جميع الاتجاهات، فإن التركيب يكون من النوع الكتلي (Blocky)، وعند زيادة تجميع حبيبات التربة بالاتجاه العمودي فإن التركيب للتربة يكون من النوع العمودي أو المنشوري (Prismatic)، وقد يكون التجميع لحبيبات التربة عن طريق تأثير تراكم المخلفات العضوية في التربة وتحللها، وبذلك تعطي التركيب الشكل الجيبي (Gramular) ، والذي يكون شائعاً في الآفاق السطحية الداكنة ذات المحتوى العالي من المواد العضوية.

4. قوام التربة (Soil Consistency) :

هي صفة نوع ودرجة تماسك (Chesion) أو تلاصق (Adhesion) مواد التربة، أو مدى مقاومتها للتغيير، وتعتمد هذه الصفة على طبيعة مكوناتها التربة وخاصة نوع وكمية معادن الطين، إضافة إلى المحتوى الرطوبي للتربة، ويستخدم قوام التربة في تحديد أنواع ودرجات تأثير عمليات تكوين التربة السائدة في التربة (الناحية الوراثية للتربة)، فزيادة حالة التماسك والتلاصق لمكونات التربة مع بعضها، أو زيادة درجة مقاومة تلك المواد للتغيير عند تسليط قوة عليها، يدل على زيادة المواد الغروية الطينية في التربة، والتي تكون ناتجة عن نشاط نوع محدد من عمليات تكوين التربة ذات العلاقة بحركة بعض مواد التربة، وانتقالها من أفق لآخر حيث يكون واقعاً أسفله ضمن عقد التربة الواحد.

ويوصف قوام التربة في ثلاث حالات من المحتوى الرطوبي: الجاف والرطب والمبتل، وتتراوح مقاومة مجاميع التربة للتغيير ما بين الحالة السائبة عندما تكون حبيبات التربة منفردة وغير مترابطة إلى حالة الصلابة الشديدة، عندما تكون مجاميع التربة صلبة جداً (Dry) بحيث لا يمكن تكسيرها باليد، أما عندما تكون التربة رطبة (Moisk)، فإن القوام يعبر عنه بدرجة التلاصق حيث يعد سائباً عندما تكون مجاميع الترب مفككة، ويمكن أن يكون القوام شديد التماسك عندما تكون المجاميع صعبة السحق باليد.

وقد يوصف القوام في الحالة المبتلة (Wet) اعتماداً على طبيعة الالتصاق والمرونة، فعندما يكون القوام غير لزج (Nomsticky) فإن حبيبات التربة لا تلتصق مع بعضها عند وضعها بين أصابع اليد، وقد تكون لزجة جداً (Very

(Skicky ، حيث تلتصق المكونات بأصابع اليد، أما حالة المرونة (Plasticity) فتعتمد على قابلية نموذج التربة للتشكيل بصورة مستمرة عند وضعه تحت قوى خارجية، فالقوام غير اللون (Non-Plastic) يمثل عدم قابلية تكوين شرائط من مكونات التربة، أو قد يكون القوام لدناً جداً عندما يكون نموذج التربة شريطاً طويلاً عند دعكه بين أصابع اليد.

5. سمك أو عمق التربة (Soil Depth) :

لقد ذكر سابقاً أن التربة تتكون بصورة مستمرة من تأثيرات عملية التجوية على المواد الأم المكونة لها بتأثير العوامل المناخية والحيوية، ومن جهة أخرى فقد تفقد التربة أيضاً بواسطة العوامل السلبية كالانحدار، والرياح، والمياه الجارية وغيرها، وبناءاً على هذا يتحدد سمك الترب، فإذا كان معدل التكوين أكثر من معدل الإزالة والفقد فإن التربة يزداد سمكها والعكس صحيح.

6. مقطع التربة (Soil Profilc) :

يعبر مقطع التربة عن تعاقب الآفاق لها (Horvigons) ، أو الطبقات (Layers) المختلفة من السطح، وحتى الصخور الأم المكونة للتربة، ويستعمل هذا المقطع لدراسة طبيعة التربة وطريقة تكوينها وراثتها وتصنيفها، وبالآخر مقارنتها مع الترب الأخرى لغرض إيجاد أفضل السبل لاستعمالاتها للأغراض المختلفة، اعتماداً على اختلاف خواصها المورفولجية والكيماوية والفيزياوية، وقد يختلف مقطع التربة حسب اختلاف المحتوى الرطوبي لها، وحركة الماء فيها، وعموماً يمكن تمييز ثلاث حالات من الرطوبة تنشأ عنها اختلاف في خواص التربة:

1. عند زيادة الأمطار وقلة التبخر، والجفاف في الأقاليم الرطبة، فإن حركة الماء تنشط نحو الأسفل في مقطع التربة، مما تسبب في حركة كثير من المواد الموجودة في الطبقات العليا من التربة، وغسلها نحو الأسفل، ومثال هذه المواد الأملاح والقواعد وبعض معادن الطين وغيرها، حيث قد تتجمع في الآفاق الدنيا من التربة، مسببة تواجد صفات تختلف عما هو موجود في الآفاق العليا للتربة.

2. أما في الأقاليم الجافة حيث يكون التبخر أكثر من الأمطار، فإن الماء في التربة (والمواد المذابة به) قد يتحرك نحو الأعلى بواسطة الخاصية الشعرية، وقد يتبخر الماء من سطح التربة تاركاً الأملاح متراكمة على السطح، وتكون بذلك التربة الملحية والقلوية.

3- وفي حالات وجود طبقات صماء ضمن آفاق التربة، فإنها تمنع مرور المياه وجذور النباتات نحو الأسفل، وبذلك تكون حركة المياه جانبية ضمن مقطع التربة، وكذلك جذور النباتات وخاصة الأشجار، فإن جذورها تكون عميقة، خاصة عندما تكون هذه الطبقة قريبة من سطح الأرض، فبذلك تتعرض الأشجار للسقوط عند هبوب الرياح الشديدة.

وعند افتراض عدم حدوث انجراف، ونقل للتربة وبعد مرور فترة زمنية غير قصيرة، فإنها قد يتكون لها مقطع مميز، حيث يعد من الظواهر التي يمكن التعرف منها على أنواع التربة، لأن لكل أفق منها خصائص مميزة، من حيث الصفات المورفولوجية والكيماوية والفيزياوية. والشكل رقم (20) رسم لمقطع نموذجي لتربة متطورة، وليس من الضروري أن تتواجد جميع الآفاق في المقطع لكل ترب العالم، إذ إن هناك ترباً لا تتمثل بها جميع الآفاق، فالترب الصحراوية مثلاً لا يتواجد بها الأفق (B)، وكذلك الترب حديثة التكوين أو غير المتطورة.

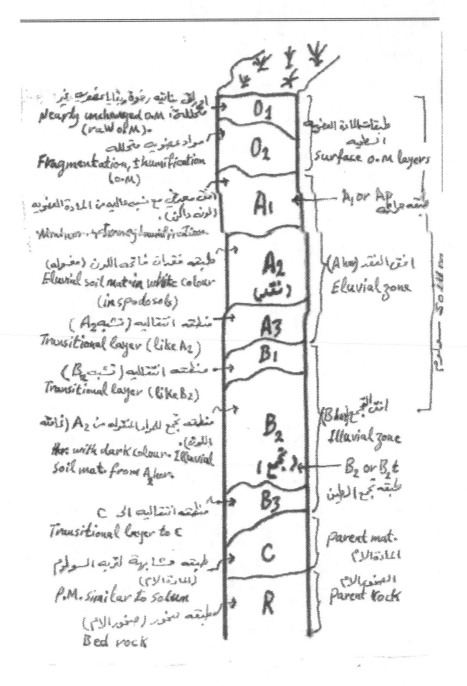

شكل (20) مقطع لتربة مثالي

المبحث الرابع: عمليات بناء وتكوين خصائص التربة:

هناك عدد كبير من العمليات التي تعطي للتربة خصائصها المميزة، وهذه العمليات تختلف في مجال نشاطها لتعطي في النهاية الصفات البيروجينية (الوراثية) للتربة، ويمكن أن تميز ببعض العمليات الرئيسة الآتية:

أ- عمليات الإضافة (Addition Processes) :

هي جميع العمليات التي تؤدي إلى إضافة مكونات معدنية وعضوية وسائلة وغازية، إضافة إلى الطاقة الحرارية المضافة إلى جسم التربة، سواء كان ذلك عن طريق سطح التربة أم في أي جزء منها.

ب- عمليات الفقد (Losses Processes) :

هي جميع العمليات التي تساعد على فقدان بعض مكونات التربة المعدنية، والعضوية والمائية والغازية، وفقدانها في جسم التربة.

جـ- عمليات التحول (Transformation Processes) :

هي كل عمليات التحول الخاصة في التربة، وقد تجري حالات التحول على الجزء المعدني في التربة، حيث يتم بموجبها تحلل المعادن الأولية المكونة للتربة إلى معادن ثانوية، ينتج عنها مواد مثل معادن الطين، وبعض الأكاسيد، ويتحرر بعض الأيونات مع بقاء بعض العناصر الأكثر ثباتاً ومقاومة على حالها بدون تحول، وقد يتحول الجزء العضوي أيضاً من مواد غير ثابتة إلى مواد أكثر ثباتاً ومنها الدبال، وقد تتحول أيضاً إلى أحماض عضوية وغازات، وتحرر بعض العناصر الغذائية.

د- عمليات النقل (Tramlo Cation) :

هي عمليات حركة ونقل مكونات التربة القابلة للحركة بواسطة الطرق الميكانيكية والكيماوية، من جزء إلى آخر داخل جسم التربة، وقد يكون نتائج هذه العمليات تكوين وتطوير آفاق التربة الرئيسة مثل تكوين أفق الكسب بعمليات الإضافة (Iiluviation)، والتي تتمثل بتجميع المواد الغروية، العضوية منها والمعدنية، وأكاسيد الحديد والألمنيوم المنقول من الآفاق السطحية (A) إلى الآفاق الأسفل منها (B)، أما في الآفاق السطحية، فقد حدث لها عمليات فقد (Eluviation)، حيث تحرك المواد السابقة في (A) إلى الأفق الأسفل (B)، وبذلك تكون الآفاق السطحية (A) فاتحة اللون ومكونة من المواد الخشنة (الرمل) فقط، وذلك بسبب فقدان المواد العضوية والمعدنية الداكنة اللون، وتقع هذه ضمن العمليات الرئيسة السابقة لعدة عمليات بيولوجية فرعية أهمها:

1. عملية تكوين التربة الحامضية التفاعل(Podgoligation) :

تحدث هذه العملية في مناطق العروض العليا الباردة ذات الصيف الرطب والتبخر القليل، وهذه الأراضي ذات صرف جيد ومغطاة بالغابات الصنوبرية، حيث تتجمع أوراقها على سطح التربة، وبسبب انخفاض الحرارة ونشاط البكتيريا المحللة، فإن هذه الأوراق تتراكم على سطح التربة دون تحلل كامل، وبسبب الرطوبة فإن هذه الأوراق تتخمر وعند مرور مياه الأمطار فيها، فإنها هذه المياه تتحول إلى حامضية التفاعل($Ph = 4.0 - 3.5$)، ونتيجة لذلك فإن المواد المعدنية كالحديد والألمنيوم ومعادن الطين والمادة العضوية الموجودة في الأفق (A)، قد تزال من هذا الأفق إلى الأفق (B) وتترسب فيه، وبذلك فإن

لون الطبقة السطحية (A) يتحول إلى أبيض أو رمادي، وهو لون السليكا (مادة الرمل) المتبقية في هذا الأفق، أما الأفق (B)فيتجمع فيه الحديد والألمنيوم ومعادن الطين، ويكون لونه بنياً غامقاً، ومن الناحية الزراعية فإن هذه الترب تكون فقيرة للزراعة، بسبب حموضتها، وإزالة موادها المعدنية والغذائية من طبقاتها السطحية.

2. عملية اللترزة (Lakeraligation) :

تنشط هذه العملية في الظروف الاستوائية، والتي تمتاز بارتفاع درجة الحرارة وتوفير الرطوبة بكمية كبيرة. وتتلخص هذه العملية بإزالة السليكون من المعادن الرئيسة، كما تعمل على إزالة العناصر القاعدية وبنسبة أكبر من نسبة إزالة مركبات الحديد والألمنيوم، ما يؤدي بالأخير إلى سيادة المركبات الأخيرة في جسم التربة، والتي تكسبها اللون الأحمر، وعموماً تمتاز التربة بعد هذه العملية بنسيجها الخشن، وعدم وضوح آفاقها عدا الطبقة السطحية وزيادة الحموضة وقلة الخصوبة.

3. عملية التكلس (Calcfication) :

تعد عملية التكلس في التربة من العمليات النشطة في المناطق الجافة وشبه الجافة، وكذلك في المناطق شبه الرطبة، حيث يعاد توزيع كاربونات الكالسيوم($Caco_3$) في جسم التربة، وتكوين أفق تجميع الكربونات (Calcic). وقد يكون وجود تجمع هذه الكربونات قرب السطح أو عند أعماق بعيدة نسبياً عن سطح التربة، حيث يعتمد ذلك على الظروف البيئية المتمثلة بالمناخ (كمية الأمطار)، ونوعية الغطاء النباتي وغاز Co_2، وقد يكون وجود الكربونات مورثة في مادة الأصل الغنية بالكربونات، أو تضاف إلى

سطح التربة عن طريق الترسبات الربحية أو المائية الحاملة في جسم التربة، عن طريق ترسيبها في مياه الري، أو الأمطار، أو عن طريق المياه الجوفية الغنية بالكربونات.

4. عملية التملح (Salinigation) :

هي أكثر العمليات شيوعاً في المناطق الجافة وشبه الجافة، حيث تتراكم الأملاح الذاتية في جسم التربة، مثل أملاح الصوديوم والبوتاسيوم، إضافة إلى كبريتات وكلوريدات الكالسيوم والمغنيسيوم، ويكثر تواجد هذه العملية في المنخفضات والمناطق الرديئة الصرف وذات النسجة الناعمة (الطينية)، حيث تكون التربة ذات صفات رديئة وتقل فيها حركة الماء، مما يساعد على ارتفاع الماء الأرضي (والذي قد يكون صالحاً) بواسطة الخاصية الشعرية، فيتبخر الماء تاركاً الأملاح متراكمة على سطح التربة في الطبقات الواقعة أسفل منه، مكوناً أفقياً ملحياً (**Salic**)، أما مصدر هذه الأملاح في التربة فهو إما في المعادن الأولية المكونة لمادة الأصل، أو في مياد الري أو المياه الجوفية، إضافة إلى الترسبات الريحية الغنية بالأملاح.

5. عملية الاختزال (Gleygation) :

تتواجد هذه العملية عندما تتوافر الظروف اللاهوائية في ظرف تشبع التربة بالمياد لفترة من الوقت خلال السنة، حيث يحدث اختزال لبعض مركبا العناصر ذات التكافؤ المتعدد وتحويلها من حالة إلى أخرى، وقد تترك هذه العملية بعض المظاهر في جسم التربة، مثل التبقع بألوان مختلفة، اعتماداً على نوع المركبات السائدة، فمثلاً وجود مركبات الحديد بسبب ظهور الألوان الخضراء والزرقاء، ومركبات المنجنيز تعطي اللون البني الداكن. ومن العوامل المساعدة

في ظهور هذه العملية هي رداءة الصرف بسبب وجود النسجة الناعمة للتربة، وارتفاع المـاء الأرضي في التربة ذات المواقع المنخفضة (أراضي منخفضة).

المبحث الخامس: تصنيف التربة (Soil Classification) :

لغرض حصر الأشياء وفهم خصائصها، وكيفية استغلالها وإدارتها، فقـد حـاول الإنسـان أن يضع أنظمة مختلفة وممتنعة لتصنيف وتقسيم ما يحيط به مـن أشيـاء، وقد حـاول أيضا أن يضع أنظمة لتصنيف وتقسيم المكونـات الأساسية للكرة الأرضية، بجزئيها المائي واليابس، والمتمثلة بالصخور والمعادن، ثم شمل الطبقة المفككة العليا مـن القشرة الأرضية والمتمثلـة بالتربة.

وبصورة عامة، فإن التصنيف هو عبارة عن نظام لتجميع المتشابه مـن الأشيـاء ووضعها في مجاميع محددة اعتماداً علـى خاصـية، أو مجموعـة مـن الخصائص المميـزة للمجموعـة الواحدة، بحيث تؤدي إلى خلق نظام يربط تلك المجاميع بعلاقات، وتوضح الترابط بينها، مما يساعد على زيادة المعرفة وفهم الخصائص الطبيعية لتلك الأشياء.

وتعد عملية تصنيف التربة من الأمور الصعبة، وتحتـاج أناسـاً متخصصـين بـذلك، إذ أن الترب يجب أن تصنف إلى مجموعات متشابهة، تبعاً لخصائصها المميـزة، وهـذا مـن غـير شك يعد من المشاكل العديدة في حالة عدم دراستها مـن مختلـف العوامل المتعددة والمتشابكة المكونـة لهـا، كالصـخور والمنـاخ والنبـات، إضافة إلى الصـفات اللمورفولوجيـة والكيماويـة والفيزياوية للتربة، والتي ينتج من تفاعلها مجموعة كبيرة من أنواع الترب.

ولما كانت جميع أنظمة التصنيف هي من صنع الإنسان – والتي تمثل مرحلة معينة من التقدم العلمي والحضاري، وقد تكون هذه الأنظمة لا تخلو من النقص – فإنها تتطور مع تطور قابلية الإنسان العلمية، ومدى إدراكه وفهمه لأهمية مكونات البيئة المحيطة به.

أولاً: التصنيفات القديمة للترب:

يعتقد كثير من الجغرافيين أن تصنيف الترب من قبل دوكوجيف الرويس (Dokuchaen.1986)، والذي ربط فيه العلاقة بين الظروف المناخية والخصائص الكيمياوية والبيولوجية والنبت الطبيعي، هو من أفضل التصانيف بالنسبة لهم وأكثرها خدمة لأغراضهم، وقد طور هذا التصنيف من قبل علماء روس وأمريكان، ووضع نظاماً لتصنيف التربة، اعتماداً على فكرة النطاقية (Zonality)، والتي تعتمد على العوامل البيئية السائدة في المنطقة، والمؤثرة في تكوين التربة وصفات عقدها، إذ وصفت كلها أساساً في تقسيم الترب ووضعها في ثلاث رتب رئيسة (عام 1938) وهي:

1. الترب النطاقية (Zonal Soil): وتمثل تأثير العوامل الفاعلة، مثل المناخ والعوامل الحيوية.

2. الترب بين النطاقية والمتداخلة (Intrgonal): وتمثل تأثير بعض العوامل الموقعية، مثل الطبوغرافية، ومواد الأصل (المواد الجيولوجية).

3. الترب اللانطاقية أو الهامشية (Agonal Soil): وتمثل الترب غير المتطورة بسبب الانحدار الشديد، أو الإضافة والترسبات المستمرة، أو بسبب طبيعة المواد المولدة... وغيرها.

1. الترب النطاقية:

هي ترب مكتملة التطور، تتمثل في مقطعها طبقات في التربة مختلفة كل منها عن الأخرى في خصائصها ومميزاتها وقد تطورت نتيجة تأثير المناخ والعوامل الحيوية الأخرى.

يتوافق توزيع هذه الترب مع توزيع الأقاليم المناخية والنباتية في العالم، بشكل نطاقات، على الرغم من بعض الاختلافات فيما بينها.

أ- ترب البيدوكال (Pedocal Soil) :

هي ترب المناطق شبه الجافة، حيث تقل كمية الرطوبة عن حاجة الأشجار للنمو، ولكنها تلاءم نمو الحشائش، وتكون هذه الترب غنية بالمادة العضوية والكالسيوم على تجمعات الكربونات، خاصة في المناطق الجافة حيث تكون المادة العضوية قليلة جداً.

ب- تربة البيدالفير (Pedalfer Soil) :

تتواجد هذه الترب في المناطق الرطبة ذات الغطاء النباتي الجيد (الشجار)، ولكثرة الرطوبة والصرف الجيد، فإن الكربونات قد تزال عن طبقات التربة العليا تاركة أكاسيد الحديد (**Fer**) والألمنيوم (**AL**)متراكمة فيها.

2. الترب بين النطاقية أو تحت النطاقية (Intragonal Soil):

هي الترب الناضجة، وكاملة النمو أيضاً، ولكنها قد تأثرت بالعوامل المحلية مثل، الانحدار (الطبوغرافية)، أو الصخور الأصلية، أو التصريف أو المناخ المحلي، وهذه العوامل أثرت في التربة، وأعطتها خصائصها وصفاتها المميزة ضمن الترب النطاقية، وليس التوزيع المناخي أو النباتي العام.

ويمكن تقسيم هذه الترب إلى ثلاث مجموعات كما يأتي:

أ- مجموعة الترب الهولومورفك، والمتواجدة بكثرة في المناطق الصحراوية وشبه الصحراوية.

ب- مجموعة الترب الهايدرومورفك، والمتواجدة بكثرة في الأراضي ذات المحتوى العالي من الصخور الكلسية.

3. الترب المنقولة أو غير المتطورة أو اللانطاقية (Agonal Soil) :

هي ترب غير متطورة لم يكتمل نضوجها (شابة)، وتعد متجددة بصورة دائمة، حيث تعكس حالات الإضافات المستمرة، والانحدار الشديد، أو المادة الأصلية المشتقة، أو المناخ المحلي، فضلاً عن قصر الزمن الذي تكونت فيه، وتتواجد هذه الترب في جميع جهات العالم وتحت مختلفة أنواع المناخات وأنواع النباتات.

ويمكن تقسيم هذه الترب إلى الأنواع الفرعية الآتية:

أ- **ليثوصول (Lithosol)**: هي الترب التي تطورت فوق الصخور الصلبة، وتكون غير عميقة.

ب- **ريكوصول (Regosol)** : هي الترب التي تطورت فوق مواد غير متماسكة، كالكثبان الرملية أو الترب العضوية.

جـ- **الترب الجبلية (Mauntin Soil)** : هي الترب التي تطورت على منحدرات وسفوح الجبال.

د. **الترب الرسوبية (Alllunial Soil)** : هي الترب التي تطورت في أراضي السهول الفيضية.

وقد تضمنت الهيكل التنظيمي لنظام تصنيف التربة لعام (1938) على ست مستويات تصنيفية، حيث اعتمد على فكرة النطاقية (Zonality) كأساس لوضع التربة في هذه المستويات والتي هي:

1. الرتبة Qrder (وهي أعلى مستوى وتصنيف).

2. تحت الرتبة Sub Group.

3. المجموعة العظمى Great Group .

4. العائلة Family .

5. السلسلة Segi .

6. النوع Type .

والجدول رقم (8) يوضح طبيعة التقسيمات، والترب التي تم تشخيصها في هذا النظام (Throp And Smikh، 1949)

جدول رقم (8) الهيكل التنظيمي لنظام تصنيف التربة لعام 1938.

المجموعة العظمى Great Group	تحت الرتبة Sub Order	الرتبة Order
ترب التندرا	1. ترب المناطق الباردة	أولاً: الترب النطاقية
1. الترب الصحراوية. 2. ترب السيروزيم. 3. الترب البنية. 4. ترب البراري. 5. ترب البراري الحمراء	2. ترب المناطق الجافة الفاتحة اللون	أ- البيدوكال

	3. ترب المناطق شبه الجافة وشبه الرطبة والرطبة داكنة اللون	1. الترب الكستنائية. 2. الترب الكستنائية الحمراء. 3. ترب الجرنوزم. 4. ترب البراري. 5. ترب البراري الحمراء.
ب- البيدرالفير	1. ترب المناطق الانتقالية ذات الغابات والحشائش	1. الترب البنية غير الكلسية. 2. ترب الجوثوزم المتدهورة.
	2. الترب البدزولية الفاتحة اللون	1. الترب البدزولية. 2. الترب البدزولية البنية. 3. الترب البدزولية الرمادية. 4. الرب البدزولية الصفراء. 5. الترب البزولية الصفراء والحمراء.
	3. الترب اللاتراتية الغابات الاستوائية وشبه الاستوائية.	1. الترب اللاتراتية. 2. الترب اللاترتية الحمراء. 3. الترب اللاتراتية الصفراء.
ثانياً: الترب النطاقية أو تحت النطاقية	1. الترب المتأثرة بالأملاح في المناطق الجافة ذات الصرف الرديء.	1. الترب الملحية. 2. الترب القلوية. 3. ترب السولوت.
	2. ترب المناطق الغدقة	1. ترب المروج. 2. ترب المروج الألبية. 3. الترب العضوية. 4. الترب شبه العضوية. 5. الترب القليلة التبليل. 6. الترب البدرولية المتأثرة بالمياه الأرضية. 7. الترب اللاتراتية المتأثرة بالمياه الأرضية.

	3. الترب عالية المحتوى الكلسي.	1. ترب الغابات البنية.
		2. ترب الرندزينا.
ثالثاً: الـترب المنقولـة أو غير المتطورة		1. ترب الليثوسول.
		2. ترب الريكوصول.
		3. التربة الجبلية.
		4. الترب الرسوبية.

التوزيع الجغرافي للترب النطاقية:

اعتمد في هذا التوزيع للترب على الأقاليم المناخية، والأقاليم النباتية، وذلك لوجود علاقـة وثيقة بينهما، وهذه الترب هي:

أولاً: ترب الغابات: وتشمل أنواع الترب الآتية:

1. ترب اللاترايت (Laterite Soil) :

إن موطن ترب اللاترايت هـو الأقاليم المداريـة الرطبـة ذات الأمطار الغزيـرة والحـرارة الشديدة، والواقعة في إقليم الغابات المداريـة ضمن حـوض الأمـزون وجنـوب شرق البرازيـل، وكذلك تتواجد في بعـض أجـزاء أمريكا الوسطى، وجنـوب شرق الولايـات المتحـدة وفي وسـط إفريقيا، وعلـى السـواحل الجنوبيـة الشرقية منهـا، وكـذلك في الأجـزاء المنخفضـة مـن جزيـرة مدغشقر، وتوجـد أيضاً في شرق آسيا، وفي الجـزر المنتشرة في جنـوب غرب المحـيط الهـادي ومناطق صغيرة أخرى في العالم.

وتمتاز الطبقات العليا من هذه الترب باحتوائها علـى نسبة عاليـة مـن أكاسيد الحديد والألمنيوم، وذات لون أحمر في الغالب. وبصورة عامـة تعد تـرب اللاترايت غير خصبة علـى الرغم مـن وجودها في أكثر مناطق العالم كثافة

بالعطاء النباتي، وقد يعود ذلك لشدة تحلل المواد العضوية وسرعة تأثراً بالحرارة الشديدة، إضافة إلى غسل التربة من مكوناتها المعدنية والعضوية، بسبب غزارة الأمطار التي تسبب في تقليل خصوبة التربة.

2. ترب البدزول (Pedzol Soil) :

تحتل هذه الترب نطاقات الغابات الصنوبرية في العروض العليا الباردة، وكذلك نطاقات الغابات الفيضية في العروض الباردة والدافئة، حيث تتواجد فيها الترب شبه البدزولية.

تتصف هذه الترب بكونها ذات حموضة عالية (قيمة التفاعل ما بين **PH 3.5** - 4) وسبب ذلك يعود إلى تحلل المواد العضوية في الطبقة السطحية للتربة تحللاً كاملاً، إضافة إلى وجود مياه الأمطار التي تختلط مع المواد المتخمرة على السطح، والتي تؤدي بالنتيجة إلى انخفاض في درجة تفاعل التربة (**PH**)، وكنتيجة لهذه الظروف فإن المواد المعدنية (أكاسيد الحديد والألمنيوم)، إضافة إلى الدبال قد تزال من الطبقة السطحية مخلفة السليكا ذات اللون الرمادي الفاتح مهيمناً على الطبقة السطحية.

تتواجد ترب البدزول في شمال الولايات المتحدة الأمريكية، وكذلك في شمال أوراسيا (مناطق الغابات) وفي شرق آسيا خاصة شمال الصين وكوريا ومعظم الجزر اليابانية وفي جنوبها بشكل خاص، وكذلك في جنوب شرق أستراليا ونيوزلندة ووسط شيلي.

ثانياً: ترب الحشائش:

وتشمل أنواع الترب الآتية:

1. ترب الجرنوزم (Chernozem Soil) :

تتواجد هذه الترب في المناطق التي يكون غطاؤها النباتي هـو حشـائش الأسـتبس، وهي ذات خصائص جيدة للزراعة، ويرجع ذلك للظروف المناخية من حيث كمية المطار التي تـؤدي إلى عـدم غسـل التربـة، وإزالـة عناصرهـا الغذائيـة المعدنيـة والعضـوية، وبـذلك فـإن بقايـا (الحشائش)، تتحلل تحللاً كاملاً، ويكون نتيجة ذلك تكون مـادة الـدبال التـي تعطـي طبقـة التربة السطحية السميكة لونها الغامق أو الأسود، وتليها طبقة تجمع كاربونات الكالسيوم.

ويمكن ملاحظة وجود هذه الترب في نصف الكرة الشمالي ممثلة بنطـاقين: أولهـما نطـاق الأستبس في أوراسيا الممتد من البحر الأسود وشرق الدانوب غرباً، وحتى جنوب نهر ينس شرقاً. أما النطاق الثاني: فيوجد في الجـزء الجنـوبي في أراضي البـراري في كنـدا، وفي نطـاق القمـح في الولايات المتحدة الأمريكية من راكوتا إلى تكساس، أما في نصف الكرة الجنوبي وفي حوض مـري – دارلنج في أستراليا.

2. الترب الكستنائية والبنية اللون (Chstunt Soil) :

تحوي مناطق تواجد هذه الترب على غطاء نبـاتي مـن الحشـائش، أقل مـن الحشـائش الموجودة في ترب الجرنوزم، وبذلك تكون كميات الدبال فيها أقل مـن ترب الجورنـوزم، وهـذا بالطبع يجعل لون الترب الكستنائية أفتح من ترب الجرنوزم.

تتواجد هـذه الـترب في مناطق قريبـة جـداً (في كـثير مـن الأحيان) مـن مناطق تـرب الجرنوزم، حيث تكون كميات الأمطار أقل، وأهم مناطق تواجدها في أمريكا الشمالية في غرب مناطق الجرنوزم الحقيقية من ولاية البرنا (في الولايات المتحدة) وتمتد جنوباً حتى المكسيك، وفي مناطق الأحواض المغلقة والهضاب شبه الجافة في الجنوب الغربي، أما في أوروبا فتحتل منطقتين إحداهما من هضبة المزيتا الإسبانية والأخرى في حوض الـدانوب، وكـذلك تتمثل في شمال منغوليا ومنشوريا، كما توجد في أعالي حوض الكانج، أمـا في نصف الكـرة الجنوبي، فـإن الترب الكستنائية تتواجد في أشرطة على امتداد تـرب الجرنـوزم في الأرجنتـين وجنوب إفريقيا وأستراليا.

3. ترب البراري:

تتواجد هذه الترب في مناطق الحشائش أيضاً، وتتصف بخصوبتها العظيمة وتكون كثيرة الشبه بـترب الجرنـوزم الحقيقية، خاصـة بصـفة لونها الأسود (حيـث تسـمى تـرب البراري السوداء)، وذلك بسبب تركز المادة العضوية في طبقتها العليا، ولكنها تختلف عنها بعدم وجود طبقة تجمع الكالسيوم (وسبب كـثرة الأمطار وغسلها)، وتمتاز الـترب أيضا بجودة بنيانها، وتتواجد هذه الترب في وسط الولايات المتحدة، حيث تغطي ولاية آيوا وتمتد شرقاً حتى ولاية النيوى ثم شمالاً في ولاية فيسونا وجنوب عبر نهر الميسوري، وهناك مناطق أخرى لتواجدها في الاتحاد السوفيتي السابق محصورة كمناطق انتقالية ما بين تـرب الجرنوزم الحقيقـية ونطاق الغابات، أما في أمريكا الجنوبية فتوجد في البرازيل وشمال شرق الأرجنتين، وأجزاء من أورغواي ومعظم بارغواي، كما توجد

في إفريقيا، حيث تحتل كشريط ضيق المناطق الممتدة على طول الحدود الجنوبية للسودان.

ثالثاً: ترب الصحارى:

يلعب عنصر المناخ الدور الأول في تكوين هـذه التـرب، حيـث يـؤثر الجفـاف في تكـوين صفاتها المتميزة، وهذه الترب تعد غير ناضجة، وحديثة التكوين (شابة)، وذات محتـوى قليـل، أو معدوم من المادة العضوية، كما تتراكم الأملاح في بعضها على السطح، وفي الطبقة العليا من التربة، وتتواجد هذه الترب في جميع القارات، حيث تتواجد الصحارى، ويكون لونها رمـادي في صحارى العروض الوسطى، كما تكون حمراء اللون في ترب صحارى العروض المدارية، ويـدل اللون الأحمر المائل إلى الاحمرار على وجد تأثير لعمليات اللترنة، حيث تكون درجات الحـرارة عالية، أما اللون الرمادي للتربة فيتواجد في المناطق الصحراوية الأقل حرارة من صحارى التـرب الحمراء.

وتتصف هذه الترب بأن سمكها قليل، ولكنها تحتـوي عـلى كميـات مـن المـواد المعدنيـة الضرورية لنمو النباتات ويرجع ذلك لقلة عمليات الإزالة أو الغسل لها، بسبب قلة الأمطار أو انعدامها، وعلى العموم يمكن اعتبار هذه الترب زراعية ذات إمكانيات محدودة في حالة تـوفر المياه لها.

رابعاً: التندرا:

تتواجد هذه الترب في المناطق القطبية البـاردة وكذلك في مناطق المرتفعات العاليـة، يوجـد أقصى امتداء لها في نصف الكرة الشمالي وتحيط بالمحيط المتجمـد الشـمالي على شـكل نطـاق يمتد بين قارتي آسيا وأوروبا، وكذلك في أمريكا

الشمالية (شمال ألاسكا) ويمتد حتى يبلغ بحيرة الدب الكبيرة، ومن ثم إلى الجنوب عبر شواطئ هدسن حتى المحيط الأطلسي، أما في أمريكا الجنوبية فتتواجد هذه الترب في مناطق قليلة، وخاصة في الجهات الخالية من الثلوج في القارة القطبية الجنوبية.

وتعد الظروف المناخية القاسية السبب الرئيس في إعطاء خصائص تربة التندرا المميزة، إذ تكون متجمدة طوال فصل الشتاء، أما في فصل الصيف القصير وعند ذوبان الثلوج، فإنها تصبح مبتلة في طبقاتها العليا وتبقى جامدة في طبقاتها السفلى، ويكون الغطاء النباتي المميز لها، عبارة عن طحالب وأشنات وأعشاب متناثرة.

وتعد ترب التندرا في الترب غير صالحة للزراعة بسبب رداءة صفاتها الفيزياوية وانعدام التصريف ومحدودية الخصوبة وعدم النضج، وكذلك يعود إلى العوامل المناخية القاسية في البرودة والانجماد.

ثانياً: التصنيف الحديث للترب

في عام 1960 بدأ الأمريكان بمحاولاتهم لإيجاد تصنيف جديد للتربة وبعد عدة سنوات في الدراسة والبحث والتطبيق، توصلت دوائر صيانة التربة التابعة لوزارة الزراعة الأمريكية وتحت إشراف كاي اسميث (**G. Smith**) في وضع الهيكل للعام لنظام جديد لتصنيف الترب، أطلق عليه المحاولة السابقة (**7Th.Approximation**)، من مراحل تكوين النظام بشكل نهائي ونشر عام (1964)، حيث ظهر التصنيف الأمريكي المسمى(**Soil Taxonamy**)، وبعدها أدخلت عليه عدة تعديلات ليتلاءم مع جميع ظروف ترب العالم، وآخر

هـذه التعـديلات نشـرت تحـت عنـوان (Soil Toxsanomy)، والمتضـمن القواعـد الأساسـية لتصنيف الترب (لأغراض إجراء أعمال تفسير مع التربة).

وأهم ما يميز هذا النظام الأمريكي الحديث عن بقية الأنظمة، تلخص بالنقاط الآتية:

1. اعتمد في التمييز والتشخيص للوحدات التصنيفية على صفات التربة الطبيعيـة، والتـي يمكن حسابها أو قياسها كمياً وبدقة والابتعاد عن الصفات النوعية أو المقارنة.

2. يصنف الترب نفسها وليس عمليات أو عوامل تكوين التربة.

3. اشتق أسماء الوحدات التصنيفية من مصادر علمية وعالميـة معروفـة، مثـل اليونانيـة واللاتينية لتكون معرفة عالمياً وليس محلياً.

4. إمكانيـة استيعاب الـترب المتوقـع وجودهـا في العـالم، وذلك لكـون النظام متعـدد المستويات ((يبدأ بالرتبة وينتهي بالسلسلة).

5. يمكن تصنيف التربة غير المعروفة وراثياً، لأن النظام يعتمد على صفة التربة الطبيعيـة، كما هي في الميدان، ولكن ليس معنى هذا إهمال الجانب الوراثي، بل استعمله لغـرض التوصل إلى الحقيقية العلمية عن طبيعة خصائص التربة، ومراحـل تطورهـا والتعـرف على عوامل تكوينها.

يحتوي التصنيف الأمريكي الحديث على أحد عشر رتبة، نلخص فيما يأتي أهم صفاتها:

1. رتبة الأنتيسولز (Entisols) :

هي رتبة حديثة التكوين، وغير المتطورة، وتحتوي على آفاق C- A أو R-Ak وتتميز هذه الترب عن المواد الجيولوجية، في أنها تحتوي على أفق سطحي، إضافة إلى وجود ظاهرة التطبق (Stratification)، وتنتشر في مناطق واسعة من العالم، وخصوصاً في المناطق القريبة من مجاري الأنهار، وتعد من الترب الشائعة في المناطق الجافة وشبه الجافة من العالم، وهو أحد أسباب عدم أو قلة تطورها، حيث لا تتوفر الرطوبة المناسبة لنشاط عمليات التجوية الكيماوية والحيوية إضافة على قصر الفترة الزمنية التي تتعرض لها، وكذلك كثرة عوامل التعرية والترسيب التي تسبب عدم حدوث عدم التغدق، وهذه العملية تحد من تأثير عمليات تكوين التربة وتطويرها.

تعتمد أهمية هذه الترب الزراعية على مناطق وجودها، فالترب القريبة من الأنهار تعد غنية بالرواسب المعدنية والغذائية، فهي بذلك ملائمة جداً للإنتاج الزراعي أما التربة المتواجدة قرب مناطق الكثبان الرملية، فهي قليلة الخصوبة بسبب سيادة الرمل فيها، أما قرب المنحدرات فتحتاج إلى عمليات تسميد وصيانة مستمرين، أما الترب الغدقة ذات الرطوبة العالية، فتحتاج إلى عمليات الصرف الصناعي للتخلص من المياه الزائدة قبل استعمالها.

2. رتبة الفيرتيسولز (Vertisols) :

تتواجد هذه التربة في مناطق متعددة من العالم، وتتركب بصورة رئيسة من ثلاث مناطق، وهي أستراليا، والهند، والسودان، وتتواجد هذه الترب في مناطق الشرق الأوسط، وخاصة في مناطق المنخفضات وقرب الوديان، وقد تتواجد أيضاً قرب المناطق الجبلية، ومن أهم صفات ترب الفيرتيسولز أنها تحوي أكثر

من (30%) من الطين في جميع الآفاق ولعمق (50 سم) أو أكثر، ولهذا الطين صفات التمدد والتقلص بالرطوبة والجفاف، ما يسبب ذلك في ظهور الشقوق في سطح التربة إلى عمق (50 سم) أو أكثر وبعرض أكثر من (1 سم)، وقد تحتوي هذه الترب على واحد أو أكثر من الصفات الآتية:

أ- ظاهرة الكلكاي (**Galgi**): وهي تظهر على شكل تراكيب طبوغرافية صغيرة لا يزيد ارتفاعها عن (25 سم) عن سطح الأرض.

ب- عدم وجود آفاق الكسب أو الفقد بسبب عملية الخلط المستمر للتربة **Seld) (Mulching**، والتي تحدث بسبب تعاقب الجفاف والترطيب، وتكوين الشقوق التي تسمح بدخول مواد في الآفاق السطحية إلى الأجزاء السفلى من فقد التربة.

جـ- وجود أسطح لماعة، أو صقل حبيبات التربة المتكتلة **(Sliken Side)**.

والفيرتيسولز تعد ترباً فنية، تحتوي على تربة من النوع **C- A** ، وتتواجد في مناطق ذات غطاء نباتي من الحشائش، وقد تتكون أيضاً تحت الأشجار عند توافر الظروف الملائمة لنمو الأشجار.

إن معظم هذه الترب تستخدم كمراعي طبيعية، حيث إن هناك بعض معوقات استخدامها لأغراض زراعية، بسبب المحتوى العالي من الطين، وانخفاض معدل نفاذية الماء وتكون الشقوق، وقد تستخدم في زراعة أشجار الغابات أيضاً.

3. رتبة الأنسيتيسولز Ineeptisols :

وهي ترب بدائية التطور، نظراً لغياب الآفاق التشخيصية المتطورة، وقد تحتوي على آفاق تظهر بعض مظاهر عمليات الكسب والفقد والتجوية، ويكون مقدها من النوع C- B- A، إذ تنتشر هذه الترب في مناطق عديدة من العالم ويكون بعضها جيداً للإنتاج الزراعي وبعضها الآخر يستخدم لأغراض الرعي، حيث يعتمد ذلك على طبيعة الظروف المحيطة.

تتواجد ترب الأنسيتيسولز تحت ظروف مناخية متباينة، وتوجد بصورة رئيسة تحت الظروف المناخية الرطبة، أو شبه الرطبة حيث تكون بعض عمليات تكوين التربة فاعلة بدرجة غير كبيرة، وعند اكتمال تطورها فقد تتحول إلى ترب من رتب أخرى، خاصة عند توافر الظروف البيئية المساعدة لنشاط العمليات البيرولوجية المسؤولة عن تطور الأنواع المختلفة من الترب، وقد تبقى هذه الترب محافظة على حالتها في بداية التطور لعدم توفر الظروف البيئية الفاعلة.

4. رتبة الأريديسولز Aridisols :

وهي ترب المناطق الجافة، حيث يكون معدل فقدان للماء عن طريق عمليات النتح والتبخر أكثر من معدل التساقط، وبذلك تنخفض كمية المياه الداخلة إلى جسم التربة، وهذه الترب لا تحتوي على مياه جاهزة بكميات كافية لنشاط عمليات التجوية، وغير كافية أيضاً لحياة النبات.

تنتشر هذه الترب في مناطق شاسعة من العالم، متمثلة بالمناطق الصحراوية والمناطق المجاورة لها ذات النظام الرطوبي الجاف، تمتاز ترب الأريديسولز بلونها الفاتح الناتج عن انخفاض المحتوى من المادة العضوية وكثرة الأملاح، إضافة إلى

أنها ذات نسجة خشنة مع زيادة المواد الصخرية فيها، وقد تصلح هذه الترب للزراعة عند توفر المياه، وكذلك عن غسل الأملاح وإضافة الأسمدة العضوية والكيماوية لزيادة خصوبة التربة.

5. رتبة الموليسولز Moltisols) :

تتواجد هذه الترب في مناطق الحشائش، ويكون لونها أسود أو داكن، وغنية بالعناصر المعدنية، وتكون هشة، حيث إنها تحتوي على كمية جيدة من المادة العضوية. تنتشر ترب الموليسولز في مناطق شاسعة من العالم، حيث تتواجد تحت ظروف مناخية متباينة، بين شبه جافة إلى شبه رطبة، وتقع تحت أغطية نباتية تكون فيها السيادة للحشائش، إضافة للسفانا والغابات، وتتكون أيضا في المناطق الرديئة الصرف، حيث يساعد ذلك على تراكم المواد العضوية وتطور اللون الداكن، ويمكن تواجد هذه الترب أيضاً قرب المناطق الجافة، حيث يزداد المطر باتجاه تربة الموليسولز، وتكون هذه الأمطار كافية لإحداث تطور في صفات التربة باتجاه تكوين الأفق الداكن المسمى موليك (**Mollic**).

إن وجود المادة العضوية ومرورها بمراحل تحلل مختلفة، ومن ثم خلطها مع المواد المعدنية في التربة، يساعد ذلك على إعطاء اللون البني الداكن أو الأسود أحياناً للتربة وخاصة في الأفق السطحي موليك، وتتم عملية الخلط عن طريق جذور النباتات وفاعلية بعض أحياء التربة، وتعد هذه الترب ذات مستوى خصوبي جيد جداً مما يساعد ذلك على استخدامها للأغراض الزراعية المتخلفة، وخاصة محاصيل الحبوب والخضروات.

6. **رتبة الألفيسولز Alfisols :**

هي الترب المعدنية الحاوية على تجمع معادن الطين السليكاتية والغنية بالعناصر القاعدية التي تعكس حالة التجوية المتقدمة وظروف غسل معتدلة.

وتتواجد هذه الترب في مناطق عديدة من العالم، تحت ظروف مناخية متباينة ولكنها متركزة في المناطق المعتدلة الرطبة وشبه الرطبة، وتتكون تحت أغطية نهايتها من نوع الغابات، وأحياناً تحت الحشائش، ما ساعد ذلك على تطورها، ومن أهم ما يميز هذه الترب انتقال المواد الطينية من حركة الماء داخل جسم التربة، وتجمعها في أفق طيني تحت سطحي، وكذلك إزالة كاربونات وبيكاربونات الكالسيوم من خلال نشاط عملية الغسل.

تعد ترب الألفيسولز ذات مستوى خصوبي جيد، وذلك لاحتوائها على نسبة متوسطة إلى عالية من العناصر الغذائية الضرورية لحياة النبات، وتستغل أراضيها لمختلف النشاط الزراعي، وخاصة المحاصيل الحقلية والمراعي وغيرها.

7. **رتبة الألتيسولز Ultisols :**

وتمثل الترب التي مرت بمراحل متقدمة جداً في عمليات التجوية والغسل، وتتواجد في المناطق التي تتوفر فيها العوامل المساعدة على حدوث التجوية والغسل، والمتمثلة بالمناطق الدافئة، وذات الأمطار المتوفرة لفترة زمنية طويلة من السنة، وبذلك تنشط عمليات التجوية وتحويل المعادن الأولية إلى معادن ثانوية وأكاسيد، وكذلك ينشط غسل الطين من الآفاق السطحية وانتقاله إلى أجزاء عميقة في جسم التربة، وبذلك تكون التربة السطحية ذات ألوان فاتحة، أما الطين فيتجمع في آفاق تحت سطحية.

أهـم معوقات اسـتخدام تـرب الألتيسولز للأغـراض الزراعيـة، هـي انخفـاض المسـتوى الخصوبي، وقلة العناصر الغذائية بسبب تأثير عملة الغسل، ولكن يمكن تجاوز هذه المعوقات، بإضافة بعض المصلحات والأسمدة العضوية والكيماوية لتوفير العناصر الضرورية لنمو النبـات، وبصورة عامة تستخدم أراضي هـذه الـترب في زراعـة أشجار الغابـات ذات الجـذور العميقـة، والتي لها قابلية على امتصاص العناصر الغذائية من أجزاء التربة العميقة.

8. رتبة السبوردوسولز (Spordosols) :

هي الترب المتواجدة في المناطق ذات الظروف المناخية الرطبة والبـاردة، مـع تـوفر مـواد مولدة رملية غنية بمعدن الكوارتز، وسيادة أشجار الغابات كغطاء نباتي، وتحت هذه الظروف يزداد نشاط عملية البدزلة (Podzolgation)، والتي تؤدي إلى تجمع المواد العضـوية المتحللـة (الدبال)، وأكاسيد الألمنيوم والحديد في الآفاق تحت السطحية بنسجة خشـنة (رمليـة) ولـون رمادي فاتح، وقد تستغرق عمليات تكوين هذه الترب عدة مئات أو آلاف من السنين، اعتمـاداً على الظروف البيئية السائدة، وترب السبودوسولز فقيرة المحتوى من العناصر الغذائية، وذات قابلية واطئة على الاحتفاظ بالماء، وكذلك ذات نفاذية عالية للميـاه، وهـي بـذلك غـير ملائمـة للإنتاج الزراعي، ولكـن قـد تكـون مسـتغلة لإنتـاج أشجـار الغابـات، ويمكـن اتخاذهـا مناطق سياحية كما هو حاصل في دول أوروبا.

9. رتبة الأكسولز Oxisols :

تمثل الترب المعدنية والمناطق الاستوائية وشبه الاستوائية الرطبـة، التـي تعـرف بـالترب الحمراء أو الصفراء أو الرصاصية، حيث تعكس طبيعة التكوين

لها، وتسود في هذه الترب أكاسيد الحديد والألمنيوم، وتمثل حالات التجوية المتقدمة، عمليات الغسل الشديدة، التي أدت إلى فقدان أغلب المعادن الأولية غير المقاومة للتجوية، ما ساعد ذلك على سيادة أكاسيد الحديد والألمنيوم ومعدن الكوارتز وبعض معادن الطين، وزيادة نشاط عمليات التجوية قد تصل إلى أعماق بعيدة عن سطح الأرض، وبذلك تكون التربة هذه عميقة حيث تتكون تحت أغطية نباتية مختلفة، وتعد أشجار الغابات الاستوائية من أكثرها سيادة.

وبصفة عامة تعد ترب الأكسيولز غير ملائمة للإنتاج الزراعي وذلك لطبيعة خصائصها التي لا تلاؤم نمو المحاصيل بصورة جيدة، وتعتبر هذه الترب واطئ جداً من العناصر الغذائية وذات مستوى خصوبي ضعيف جداً، وقابلية واطئة لحفظ الماء ونفاذية عالية، إضافة إلى قابليتها العالية للتعرية، لذلك لا ينصح باستخدامها للإنتاج الزراعي، وفي حالة الضرورة يفضل إتباع بعض الأساليب الزراعية المساعدة كإضافة الأسمدة وطرائق ري وغيرها، لغرض الحصول على إنتاج اقتصادي جيد.

10. رتبة الهستيولز Histisols :

هي الترب التي تمتاز باحتوائها على أكثر من (20%) من المادة العضوية، وتكون مشبعة بالماء لفترة لا تقل عن شهر خلال السنة، ويطلق عليها اسم الترب العضوية والترب نصف العضوية.

تنتشر ترب الهستيولز في مناطق عديدة من العالم، وتحت ظروف مناخية متباينة ويمكن أن تتكون حيثما يكون معدل تراكم المواد العضوية، أكثر من معدل تعدينها (Mineraligation) ولفترة كافية من الوقت، إضافة إلى

وجود عامل الرطوبة، حيث تكون التربة مشبعة بالماء لبعض الوقت خلال السنة، ويمكن تواجد هذه الترب في المناطق الجافة الرطبة والمناطق المنحدرة التي تتجمع فيها المياه من مناطق مجاورة، أو في المناطق المنخفضة، أو مناطق الأهوار والمستنقعات، وغيرها من مناطق تجمع المياه من مصادر مختلفة، كما يمكن أن تتكون هذه الترب تحت أغطية نباتية مختلفة، سواء أكانت من نوع المحبة للماء أم في النباتات المقاومة للمياه.

إن عملية تراكم المخلفات العضوية الحيوانية والنباتية، تبدأ من الأسفل إلى الأعلى، ونتيجة لذلك وبمرور الوقت سوف يكون هناك زيادة في سمك التربة العضوية باتجاه الأعلى، وهذا عكس الترب المعدنية، حيث يزداد سمكها وتطورها من العمق بسبب تأثير عمليات تكوين التربة، والتي غالباً ما تؤدي إلى نقل بعض مكونات التربة من السطح إلى الأسفل.

11. رتبة الأنديسولز (Andisols) :

أضيفت هذه الرتبة حديثاً إلى رتب التصنيف العشرة السابقة الذكر، وهي ترب متكونة أصلاً من المواد البركانية، وتتواجد في المناطق الجبلية، أو المناطق المحيطة أو القريبة من الجبال وحتى المستوية ذات النشاط البركاني.

وتمتاز هذه الترب بلونها الغامق أو الأسود، وذات كثافة ظاهرية واطئة، وتسود فيها المواد المعدنية البركانية المتبلورة والرماد البركاني، وكذلك المواد العضوية.

المبحث السادس: مشاكل التربة وصيانتها:

من الواضح والمعلوم أن كل أنواع الطعام الذي تأكله وتتغذى عليه الكائنات الحية، ومن ضمنها الإنسان يأتي عن طريق مباشر أو غير مباشر من التربة، إضافة إلى ما تقدمه الترب من مسكن وملبس للإنسان.

فالتربة بذلك مهمة جداً، خاصة إذا عرفنا أن هناك مشكلات كبيرة تواجه الجنس البشري في الوقت الحاضر، متمثلة بالنقص الكبير في الغذاء، علماً بأن سكان العالم يتزايد عددهم بصورة رهيبة، يقابله قلة وعدم تزايد بالنسبة نفسها التي يتزايد فيها السكان، لذلك بات من الضروري دراسة التربة ومعرفة مشاكلها وصيانتها، ووجب على كل فرد من المجتمع البشري إدراك ذلك، وقد لعب الإنسان والطبيعة دوراً مهماً وفاعلاً في تصاعد زيادة هذه المشكلات على الرغم من معرفتنا أن الطبيعة تعمل على إيجاد توازن بيئي طبيعي دقيق بين جميع أنواع الترب، ولكن بظهور الإنسان على مسرح الحياة، فقد أساء إليها من خلال استخدامها السيء، وخاصة بزيادة تملحها وتلوثها، إضافة إلى التسبب المباشر وغير المباشر في زيادة تعريتها، وفقدان طبقات التربة الخصبة وظهور طبقات جديدة قليلة الخصوبة أو غير صالحة للزراعة.

ونحاول هنا عرض أهم المشاكل التي تواجه الترب وطرق صيانتها وهي:

أولاً: تعرية التربة:

هي عملية إزالة جزء من التربة، سواء أكان هذا الجزء على سطح التربة، أم في عمقها عند كشفها للعوامل المسببة للتعرية.

وتعرية التربة من المشاكل القديمة جداً والخطيرة، وقد تدخل الإنسان في حدوثها، حيث زاد كثيراً في خطورتها، وقد كان للتوازن البيئي الدقيق في بعض المناطق أثراً كبيراً في محدودية هذه العملية، حيث ساهم بإيجاد ترب جديدة تعوض عن الترب المزالة بالتعرية، وقد جاء دور الإنسان في زيادة التعرية عن طريق غزالة النباتات وقع الأشجار مما سبب ذلك في كشف التربة وزيادة تأثير عوامل التعرية عليها، إضافة إلى ذلك فإن الرعي الجائر للأثر الكبير في إثارة سطح التربة، وتعريضها للتعرية واستعمال الطرق الخاطئة في حرث الأراضي وإدارتها، كل ذلك ساعد في زيادة رقعة الأراضي المعرضة للتعرية، والتي يصعب تعويضها في مدة قصيرة من الزمن، وكذلك ساعد الإنسان على زيادة التعرية عن طريق استخدام الأراضي الصالحة للزراعة، عن طريق إنشاء المدن والمشاريع الإنشائية والصناعية الأخرى، ما سبب في قلة المناطق الخضراء ذات الغطاء النباتي الجيد، فزاد الضغط على الأراضي مما سبب في زيادة ظهور عمليات تدهور التربة وتفاقم مشاكلها.

العوامل الطبيعية والتي تزيد من عمليات غزالة التربة بالتعرية:

أ- **مياه الأمطار:** الأمطار ذات الكثافة العالية والساقطة في مدة زمنية قصيرة، تسبب زيادة في التعرية، حيث تتكون مداري سطحية تسبب جرف التربة السطحية، إضافة إلى تكسير تكتلات حبيبات التربة، وتحويلها إلى حبيبات ناعمة مفككة تكون عرضة للتعرية بدرجة أكبر، أما الأمطار التي تسقط على هيئة رذاذ خفيف وبكثافة قليلة، فإنها لا تسبب حدوث التعرية للتربة، بل تزيد من تثبيت التربة والسماح بدخول الماء إلى جسمها، وبالتالي توفير فرصة أكبر لزيادة كثافة الغطاء النباتي.

ب- التوزيع الفصلي للأمطار: إن للمطار الساقطة بعد فصول الجفاف تأثير سلبي شديد على التربة، حيث تؤدي إلى تعرية الطبقة السطحية، وقد تسبب أيضاً في حصول الأخاديد والجداول – يؤدي الجفاف الشديد إلى انعدام الغطاء النباتي وكذلك تفكك التربة السطحية وتهشيمها مما يسهل تعريتها بالرياح، وكذلك عند سقوط الأمطار الفصلية.

جـ- الانحدار: للانحدار تأثير شديد على حدوث التعرية، حيث إن زيادة ميل سطح الأرض يسبب في زيادة كمية المياه الجارية فوق الأرض، باتجاه أسفل المنحدر وهذا ما يؤدي إلى زيادة التعرية وعدم استفادة التربة من هذه الأمطار.

د. الرياح: تتوقف درجة التعرية على عامل الرياح، فكلما كانت الرياح شديدة، كلما كان ذلك في شدة التعرية السطحية للتربة، وكذلك فإن لقلة تماسك التربة الأثر الكبير في زيادة التعرية الريحية، حيث إن قلة الرطوبة في التربة السطحية، وعدم وجود الغطاء النباتي يؤديان إلى زيادة عدم تماسك التربة، وخاصة في المناطق الجافة وشبه الجافة.

أنواع وأشكال التعرية:

هناك نوعان:

أ- التعرية الريحية:

تحدث هذه التعرية بسبب تأثير الرياح على سطح التربة، خاصة في المناطق الجافة وشبه الجافة، عند قلة الغطاء النباتي أو انعدامه، وقد تزال بتأثير هذه التعرية الطبقات السطحية الخصبة من التربة، كاشفة بذلك الطبقات الأقل

خصوبة من التربة، ويكون التعويض عن هذه الطبقة بطيئاً ويستغرق وقتاً طويلاً، وما حركة الكثبان الرملية إلا صورة عن تأثير الرياح وحركاتها.

ب- التعرية المائية:

هي التي تحدث بسبب تأثير المياه، سواء أكانت تلك مياه الأمطار والسيول والمياه السطحية المتأتية من السقي من الأنهار أم الآبار، وقد تسبب هذه التعرية في إزالة الطبقة السطحية من التربة أو النزول أعمق بضع سنتيمترات، أو حتى بضع أمتار، وبذلك قد تسبب وجود وديان عميقة يصعب السيطرة عليها.

تأخذ التعرية المائية خاصة أشكالاً مختلفة أهمها:

1. التعرية والتآكل السطحي:

يحدث هذا التآكل عن طريق الجريان السطحي، للمياه إضافة إلى تأثيرات الرياح في المناطق الجافة، وتسبب التعرية السطحية في تآكل الطبقة السطحية من التربة وجرفها على مناطق أخرى، وتحدث هذه العملية في المناطق القليلة الانحدار والمناطق المستوية، والتي تحوي على تربة ذات مسامية واطئة، حيث لا تتخلل مياه الأمطار الغزيرة خلالها، لذا يحدث الجريان السطحي للمياه من فوقها، وعملية الجريان هذه تحمل معها حبيبات التربة، التي تتمكن من فصلها من الأسطح المكشوفة والهشة، ونقلها وترسيبها في الأماكن التي تعجز المياه عن حملها أكثر من ذلك.

2. التعرية الجدولية:

تحدث هذه التعرية بعد التآكل السطحي للتربة، حيث تعد مكملة لها، وقد تبدأ المياه الجارية على الأسطح بحفر أخاديد (أو جداول) لها بفعل الجاذبية

الأرضية وهشاشة التربة، وهذا ما يزيد من سرعة جريان المياه، وبالتالي تزداد كمية ما تحمله هذه المياه من حبيبات التربة وزيادة في عمق الأخاديد.

3. التعرية الأخدودية:

هي المرحلة الأخيرة المتقدمة، والأكثر خطورة من مراحل التعرية، إذ تظهر إذا لم تتوقف عملية التعرية الجدولية على الأسطح المنحدرة، وبذلك فإن المياه الجارية تزداد في تأثيرها، ما يسبب في حفر أخاديد عميقة في التربة تتعدى الطبقة السطحية نحو الأعمق، وبذلك فإنها لا تحفر الطبقة السطحية فقط، بل تتعداها إلى الطبقة التي تحتها أيضاً.

طرق صيانة التربة من التعرية:

نظراً للمخاطر الكبيرة التي تسببها عمليات التعرية على الأراضي الزراعية وقنوات الري والسدود، وحتى على الطرق والمنشآت المدنية والتجمعات السكانية، فقد بادرت كثير من الدول بإنشاء المراكز البحثية، وإجراء الدراسات لإيجاد الحلول المناسبة للحد من خطورة هذه العملية، واتخاذ الإجراءات العملية لوقف عمليات التعرية والتقليل من خطورتها، وفيما يأتي بعض الأمثلة على ذلك:

1. التأكيد على إجراء العمليات الزراعية، والحراثة في المناطق ذات الانحدارات المختلفة الدرجات مع خطوط الكنتور، وبذلك يمكن السيطرة، أو التقليل من عمليات تعرية التربة فيها.

2. التأكيد على المحافظة على الغطاء النباتي، وتنمية خاصة في المناطق التي تتكون فيها عمليات التعرية بصورة نشطة، لذلك فإن النباتات

وجذورها تساعد على تماسك التربة وخاصة سطحها وبالتالي قلة أو عدم حدوث التعرية.

3. عدم السماح بالعري الجائر للأراضي، خاصة عندما تكون النباتات العشبية قليلة، حيث تعمل حيوانات الرعي على الإجهاز على النباتات، بالإضافة إلى تأثير حوافرها في إثارة التربة وتفكيك حبيباتها، مما يزيد في تعرضها للتعرية بسهولة.

4. إنشاء مصدات الرياح للحد من تأثير هذه الرياح في إزالة الطبقة السطحية، وحركة الكثبان الرملية، ومحاولة تثبيتها بالطرق المختلفة، خاصة في المناطق الجافة وشبه الجافة.

5. إنشاء مصائد للمياه خاصة في المناطق ذات الانحدار الشديد، حيث يساعد ذلك على التقليل من سرعة المياه الجارية، والتي تعمل على تعرية التربة، إضافة إلى الاستفادة من هذه المياه في ري المزروعات وحيوانات الرعي.

6. تنظيم الري واستخدام المقننات المائية، للمحافظة على تنمية الغطاء النباتي، وعدم الهدر والإسراف في المياه.

7. اتباع الدورات الزراعية منعاً لإجهاد التربة، والمحافظة على إنتاجيتها، وغطائها النباتي.

ثانياً: ملوحة التربة:

من المشاكل المهمة الأخرى التي تواجه التربة مشكلة التملح، التي تظهر بشكل خاص في الأقاليم الجافة وشبه الجافة، نظراً لقلة الأمطار، وارتفاع

درجات الحرارة، مما يساعد ذلك على تبخر النسبة القليلة من الرطوبة الموجودة في التربة، تاركة الأملاح تتراكم والترب الواقعة تحته.

وقد يؤدي وجود نسب عالية من الأملاح في المياه الجوفية إلى ظهور حالات التملح في التربة، حيث ترتفع هذه المياه إلى الأعلى بواسطة الخاصية الشعرية، ومن ثم يحصل تبخرها وتراكم الأملاح الموجودة فيها، مسببة زيادة نسبة الأملاح في التربة، وكذلك قد يؤدي ارتفاع نسبة الأملاح الذائبة في المياه السطحية والأنهار واستعمالها لأغراض السقي، فإن الأملاح تتراكم عند تبخر المياه على سطح التربة مسببة زيادة الأملاح في التربة.

ويأتي تأثير الأملاح السلبي بما يعرف بالعطش الفسيولوجي، حيث لا يتمكن النبات من امتصاص المياه، رغم توفرها في التربة بسبب ما تحدثه نسبة الأملاح العالية في التربة من زيادة في الضغط الأسموزي فيها، وقلته في خلايا جذور النباتات، وبذلك يتعرض النبات إلى العطش والجفاف ثم الموت، هذا إضافة إلى التأثير السمي للأملاح على كثير من النباتات، وبالإمكان التخلص من حالات التملح في التربة عن طريق غسل التربة، وصرف المياد الزائدة عن طريق فتح المنازل والمصارف، وبتكرار عمليات الغسل، وتخليص التربة من المياه الزائدة، كلما دعت الحاجة إلى ذلك مع إيجاد إدارة خاصة للتربة بزراعة الأرض بالنباتات المقاومة للملوحة أولاً، ثم الأقل مقاومة حتى نصل على النسبة المقبولة من الأملاح في التربة، وبذلك نستطيع إبقاء التربة بدون أملاح، أو بالسيطرة عليها، وذلك عن طريق اتباع النقاط الآتية:

أ- طرق الري الصحيحة، واستعمال المقننات المائية الخاصة بكل محصور زراعي، وعدم إعطاء النباتات كميات زائدة عن حاجتها من المياه.

ب- تقليل نسبة المياه المترشحة من الأنهار والقنوات والمصارف، وذلك عن طريق تبطينها بمواد عازلة تحول دون نفاذ المياه منها.

ج- تحسين صفات التربة الكيماوية والفيزياوية والحيوية، وذلك عن طريق إضافة المحسنات والأسمدة العضوية، لغرض زيادة خصوبة التربة، وقابلية احتفاظها بالماء وعدم جفافها.

ثالثاً تلوث التربة:

إن الضغط الشديد على التربة، والزيادة المضطردة على طلب الغذاء للإنسان والعلف للحيوان، أدى إلى الإسراف في استخدام التكنولوجيا العلمية الحديثة، وكل ما من شأنه زيادة الإنتاج الغذائي، كاستعمال الأسمدة الكيمياوية، والمبيدات الحشرية والمحسنات البتروكيماوية وغيرها ما نتج عن هذا الإسراف تلوث كبير في الحقول الزراعية، وبالتالي تلوث الغذاء الذي يتناوله الإنسان أو الحيوان، وقد دلت الدراسات العلمية على أن استخدام مثل هذه الملوثات بصورة كثيفة، قد أدى إلى تركيز كميات كبيرة من هذه الملوثات في التربة، وانتقالها إلى المياه الجوفية، والتي تستعمل للأغراض المنزلية بصورة مباشرة أو غير مباشرة، وقد تنتقل من التربة إلى الإنسان عن طريق إنتاج المواد الغذائية النباتية منها والحيوانية.

وعند استهلاك الإنسان لهذه المواد الغذائية، فإن الجسم البشري قد يختزن الملوثات حتى ولو كانت بدرجات قليلة، وبمرور القوت، فإن هذه الملوثات إذا ما وصلت إلى درجة عالية من التركيز فإن الأجسام البشرية لا تستطيع مقاومتها، فتبدأ الأمراض بالظهور حتى تنتهي الحياة البشرية بالوفاة.

إضافة إلى ذلك فقد يؤدي التلوث إلى إضعاف القدرة الإنتاجية للتربة أيضاً، لما يحدثه من قتل للأحياء والبكتيريا الموجودة في التربة، والتي تقوم بتحويل النتروجين إلى نترات تسهل إذابته ليستفيد منه النبات.

وقد تلعب النفايات ومخلفات المنازل والمصانع المختلفة المتروكة على سطح التربة المدفونة فيها، إلى تلوثها وانتقال التلوث إلى المياه الجوفية والسطحية، وبذلك يتأثر الإنسان باستعمال هذه المياه لأغراضه المختلفة، ولمعالجة التلوث والتقليل من مضاره ينصح باستعمال الداعي والمعقول للأسمدة الكيماوية والمبيدات الحشرية، فضلاً عن معالجة النفايات والتخلص منها عن طريق إنشاء مشاريع تكرير هذه النفايات وتحويلها إلى مواد قد يستفيد منها الإنسان ولا تضر بحياته وبيئته.

الفصل الخامس

النباتات الطبيعية

الفصل الخامس

النباتات الطبيعية

النباتات الطبيعية هي عبارة عن كائنات عضوية نباتية تختلف بحجومها وأشكالها، وتتدرج إلى الأنماط البسيطة ذات الحجوم الدقيقة، كالطحالب والأشنات والعفن، مروراً بالأعشاب والشجيرات وانتهاءً بأشجار الغابات العملاقة، والنبت الطبيعي عموماً هو نمو نباتي ليس للإنسان دخل في أي مرحلة من مراحل نموه، ابتداءً من تحضير التربة لزراعته وانتهاءً بآخر مراحل نموه.

تتواجد النباتات الطبيعية في مختلف الظروف والبيئات، فهي متواجدة في المناطق الباردة والمعتدلة والدافئة، والمناطق الجافة وشبه الرطبة، وكذلك تتواجد على اليابسة وفي البيئات المائية، وعموماً تعد النباتات الطبيعية قليلة في وقتنا الحاضر، عدا بعض المناطق المحدودة في العالم، كبعض الغابات الاستوائية في حوض الأمازون والغابات الصنوبرية في سيبيريا، وقد تكون قليلة جداً، مثل النباتات الصحراوية، وموجودة أيضاً في مناطق أخرى من العالم، حيث تدخل الإنسان بشكل مباشر أو غير مباشر منذ القدم، وازداد اهتمامه بها في الظروف الحالية، إذ إن النباتات عموماً الطبيعية منها والمزروعة تمده بالغذاء، وبجميع احتياجاته المباشرة وغير المباشرة، كمحاصيل الحبوب والخضروات والفاكهة والشاي والقهوة، وكذلك محاصيل العلف الحيوانية، والمواد الخام الصناعية، كالزيوت النباتية والمطاط والتبغ والنباتات النسيجية والنباتات الطبيعة المستخدمة في الأدوية والعقاقير، إضافة إلى أخشاب الوقود والبناء وغيرها الكثير.

المبحث الأول: العوامل الطبيعية المؤثرة في توزيع النبات:

تنقسم الحياة النباتية بصورة عامة إلى ثلاثة أنواع رئيسة، هي الغابات والحشائش، والنباتات الصحراوية، وتختلف هذه النباتات في خصائصها وأنواعها، وكذلك في درجة كثافتها وتوزيعها من منطقة إلى أخرى، تبعاً لتأثير بعض العوامل الطبيعية وأهمها:

1. الرطوبة:

المقصود بها كل أشكال التساقط الموجودة في التربة والهواء، وتعد الرطوبة، أكثر العوامل أهمية في حياة النبات، حيث إنه يمتص مياهه من خلال الجذور ويتخلص من الزائد منها عن طريق التبخر والنتح.

وتختلف النباتات باختلاف كميات الرطوبة الموجودة في الهواء، حيث إن كثرتها (ومع ملائمة الظروف الأخرى) تعني وجود وفرة عالية من النباتات، فإذا توفرت الرطوبة طوال العام أصبحت الأشجار هي الشكل النباتي السائد، أما إذا حصل نقص مؤقت في الرطوبة (في الأقاليم ذات الفصول والرياح الجافة في بعض أوقات السنة)، فإن الشجيرات تصبح هي السائدة، وإذا طال فصل الجفاف، فإن الحشائش تكون هي السائدة في المنطقة، وأما في حالات النقص المستمر في الرطوبة (عندما تكون الأمطار قليلة ومتقطعة) فإن النباتات الصحراوية المقاومة للجفاف ستكون هي النبت الطبيعي السائد.

ويمكن للنباتات في الأقاليم الجافة الاستفادة من المياه الجوفية، والمجاري المائية التعويض عن النقص الحاصل في الرطوبة، وبذلك تتوفر حياة نباتية غنية

في هذه الأقاليم، وكما هو الحاصل في مناطق الواحات والمناطق الموجودة قريبة من الأنهار.

وقد تلعب المياه دوراً سلبياً عندما تتوفر بكميات كبيرة أكثر من حاجة النبات كما هو حاصل عند تغدق التربة بالمياه، فإن ذلك قد يؤدي إلى ضرر بالنبات، ويمنع تنفسها بحرية، ولكن بنفس الوقت فإن النباتات التي تعيش في الأهوار والمستنقعات تحاول أن تكيف نفسها، وذلك عن طريق مد جذور هوائية فوق مستوى المياه، وأفضل مثال على ذلك نبات المانجروف في المناطق الاستوائية المنخفضة أو شواطئ البحار.

وهناك أنواع أخرى من النباتات، قد تكيفت للعيش في مناخات قليلة الرطوبة في الجو أو التربة، كأن تختزن المياه في أنسجتها، أو أن تكون أوراقاً صغيرة مغطاة بطبقة شمعية للتقليل من التبخر كالصبير، وقد تمد جذورها إلى مسافات بعيدة في داخل التربة لتصل على مستوى المياه الأرضية.

وبصورة عامة فإن للمياه أهمية كبيرة في تحديد شكل النبات، وطريقة حياته، فضلاً عن تكيف النبات للحد من مقدار الفاقد من المياه بواسطة عمليتي التبخر والنتح، وكذلك فإن التوزيع الفصلي للأمطار الأثر الكبير على طبيعة النباتات وشكلها، فالنباتات التي تنمو في الأقاليم الغزيرة المياه، تكون ذات أوراق عرضية وسيقان طويلة وذات نمو غزير، وكلما قلت المياه صغر حجم الأوراق، وقصر الساق وضعف النمو، أما النباتات التي تعيش في المناطق الصحراوية ذات المياه القليلة والجفاف العالي، فإنها تكون بطيئة النمو في موسم الجفاف وسريعة في المواسم التي تتوفر فيها الرطوبة، وتكون ذات أوراق

متحورة للحيلولة دون فقدان كميات كبيرة من المياه عن طريق عمليات النتح والتبخر.

وقد أمكن تقسيم النباتات إلى أربع مجاميع رئيسة، تبعاً لكميات المياه التي تحتاجها وهي كما يأتي:

أ- النباتات المائية (hydrophytes) :

هي النباتات المحبة للمياه وتعيش في المناطق الرطبة ومناطق الأهوار والمستنقعات، وتنتمي إلى هذه النباتات أشجار الغابات المدارية المطيرة، التي تحتاج إلى أمطار غزيرة في كل الفصول، وكذلك نباتات القصب والبردى، وغيرها من النباتات التي تعيش في مناطق المستنقعات والأهوار.

ب- نباتات المناطق الجافة (xenophytes) :

هي النباتات التي تتحمل الجفاف والنباتات الصحراوية، وتتميز بتكيفها مع ظروف المناخ الجاف، وتنتمي لهذه المجموعة نباتات مناخ البحر المتوسط التي تقاوم فصل الجفاف الحار الطويل.

جـ- النباتات معتدلة الرطوبة (mesophytes) :

هي النباتات التي تتواجد في الظروف الرطبة غير المشبعة بالرطوبة وبدرجة معتدلة، وتختلف في قدرتها على تحمل الجفاف، فبعضها لا يعيش إلا فترة قصيرة جداً في حين يعيش بعضها الآخر مدة أطول.

د- النباتات الموسمية (tropophytes) :

هي النباتات التي تتكيف مع التغيرات الفصلية للأمطار، وتنمو في المناطق ذات الظروف الجافة والرطبة المتقلبة، وتتميز أيضاً بقدرتها على إحداث

التعديلات الضرورية الملائمة للظروف المتغيرة والمحيطة بها، ومن أمثلتها الحشائش التي تنمو في فصل وتموت في فصل آخر، وكذلك أشجار الغابات الموسمية المدارية التي تنقص أوراقها في فصل الجفاف.

2. الحرارة:

تختلف النباتات وأجزائها المختلفة بحاجتها للحرارة، ويمكن اعتبار درجات الحرارة العظمى والصغرى هي ما تستطيع النباتات تحملها، وقد تحتاج بعض النباتات إلى درجات حرارة عالية، لكي تبلغ ذروتها النباتية في حين أن هناك نباتات تحتاج إلى درجات حرارة أقل، وبصورة عامة فإن الحد الأدنى لدرجات الحرارة الملائمة لنمو النباتات هو (6.1 مْ أو 43ف)، ويطلق على هذه الدرجة (صفر النمو)، وهذا لا يعني أن النباتات تموت إذا انخفضت درجة الحرارة عن صفر النمو (أي لا تموت إلى قلت الحرارة عن 6.1مْ)، بل تبقى هذه النباتات هامدة بدون نشاط لحين ارتفاع درجات الحرارة، وهذا التوقف في نمو النباتات يحصل بسبب انخفاض الحرارة، وتجمد ماء التربة، لذا يصبح النبات عاجزاً عن تعويض المياه المفقودة عن طريق النتح والتبخر، وهناك حد أقصى من الحرارة يستطيع النبات تحملها وهذه الدرجة تختلف من نبات لآخر وحسب الأقاليم التي يقع فيها، فنباتات المناطق الباردة لا يمكن أن تعيش إذا زاد المتوسط اليومي لدرجة الحرارة عن (22مْ)، أما نباتات المناطق الحارة فإنها تتحمل ارتفاع درجات الحرارة لأكثر من (30مْ)، ولا يؤدي ارتفاع الحرارة بحد ذاته لموت النبات، لأن ارتفاع الحرارة بشكل عام يؤدي على سرعة عملية النمو، وعندما لا يستطيع النبات أن يعوض ما فقده من مياه عن طريق عمليات النتح والتبخر، فإن الحرارة ستؤدي إلى هلاكه.

وقد أثبتت الدراسات على أن هناك علاقة متبادلة بين كمية الرطوبة والحرارة، فكلما زادت الحرارة، كلما زاد احتياج النبات إلى كمية أكبر من الرطوبة أو العكس صحيح.

وعلى ضوء ذلك أمكن تصنيف النباتات حسب درجات الحرارة التي تحتاجها إلى المجموعات الآتية:

أ- نباتات تنمو في درجات حرارة مرتفعة، ولا يقل متوسط الحرارة في جميع شهور النمو عن (18مْ).

ب- نباتات تنمو في درجات حرارة متوسطة، حيث تكون حرارة أبرد الشهور ما بين (16-18مْ)، وتكون حرارة أوقات الشهور فوق (22مْ).

جـ- نباتات تنمو في درجات حرارة منخفضة، حيث تكون حرارة أبرد الشهور فوق (6م)، وتكون حرارة أدفأ الشهور ما بين (10- 22م).

د- نباتات تنمو في درجات حرارة دنيا، حيث تكون حرارة أدفأ الشهور أقل من (10مْ).

3. الضوء:

هو أحد أهم العوامل الضرورية لنمو النباتات، ولكن ليس بقدر أهمية الرطوبة والحرارة، خاصة في التوزيع الجغرافي للأقاليم النباتية الطبيعية في العالم.

وتأتي أهمية الضوء من توقف عملية التمثيل الضوئي على ضياء الشمس، حيث إن النبات يصنع غذائه بواسطة هذه العملية من خلال امتصاص مادة الكلوروفيل للطاقة من الشمس، لأن النبات لا يمكنه توليد

الطاقة بنفسه عكس بقية الكائنات الحية، وبشكل عام فإن النباتات التي لا تحصل على مقدار كاف من الضوء تكون ضعيفة وذات أوراق قليلة، وتميل إلى الطول لكي تصل إلى مصدر الضوء، أما إذا حرم النبات من نور الشمس تماماً، فإن نموه يكون هزيلاً جداً، وقد تتكيف بعض النباتات للنمو في ظروف الظل والظلمة ولكن في حالات قليلة جداً، علماً بأن زيادة الضوء عن حاجة النبات قد تكون مضرة، لأنه يتلف المادة الخضراء.

4. الرياح والهواء:

يتزود النبات بالغازات الضرورية لحياته عن طريق الهواء، حيث إنه يمده بالأكسجين وثاني أكسيد الكربون والنتروجين وبخار الماء، وإذا ما تحرك هذا الهواء عد رياحاً، وهناك تأثير مباشر وغير مباشر للرياح على حياة النبات، فالرياح القوية كالأعاصير لها تأثير مباشر على النباتات، وتكسر فروعها أو تمزق أوراقها وتجردها من براعمها وأزهارها، وقد يسبب هبوب الرياح باستمرار في اتجاه معين إلى ميلان الأشجار في اتجاه انصراف الرياح، كما أن الرياح البحرية المحملة بالأملاح تمنع نمو الأشجار، وذلك عن طريق عدم تمكن النبات من امتصاص الرطوبة من هذه الأملاح فتؤدي على موتها، أما في مناطق العروض الشمالية، فإن الرياح القوية المحملة ببلورات الجليد وكسرات الصخور قد تؤدي إلى تدمير الغطاء النباتي، لذا تميل نباتات التندرا مثلاً على النمو الأفقي بدلاً من النمو الرأسي، أما التأثير غير المباشر للرياح على النباتات، فيتمثل بكمية الرطوبة المفقودة في النبات بسبب الهواء الجاف، فكلما زاد جفاف الهواء، كلما زادت النباتات من إخراج الرطوبة من أجزائها عن

طريق عمليتي النتح والتبخر، وإذا لم يتمكن النبات من تعويض الفاقد من الرطوبة من خلال التربة فإنه يتعرض للتلف والموت.

وعلى الرغم من التأثيرات السلبية للرياح على النباتات، فإن لها الفضل الكبير في جلب الأمطار في معظم الجهات المطيرة، وكذلك من خلال نطاقات الضغط الجوي، كالرياح الموسمية والغربية.

5. التربة:

تأتي أهمية التربة عن طريق تثبيت النبات وتزويده بالعناصر الغذائية الذائبة في ماء التربة، إضافة إلى حصول النبات على الغازات الضرورية لنموه، مثل الأكسجين والنتروجين والكربون من التربة أيضاً، فضلاً عن إن التربة تحفظ الحرارة اللازمة النبات، وبالمقابل تتأثر التربة بالنباتات التي تنمو فيها مدة من الزمن، حيث تكسبها خصوبة جديدة من بقايا النباتات الميتة والمتحللة، كالأغصان والأوراق والجذور، ويؤدي الاختلاف في أنواع التربة إلى اختلاف في أصناف النباتات، ويلاحظ ذلك عند تواجد أصناف معينة من النباتات في التربة الطينية، فإنها تختلف تماماً عن الأصناف التي تنمو في الترب الرملية وبصورة عامة، فإن كمية النباتات تكون قليلة في مناطق الترب الضحلة عند المنحدرات، وكذلك في الترب الجافة والملحية.

وبشكل عام تعد الترب الثقيلة (الطبقية) من أكثر أنواع الترب ملائمة لنمو أشجار الغابات، لأنها توفر للنبات ترب متماسكة يثبت فيها جذوره، وتحتفظ بكميات لا بأس بها من الرطوبة، أما الترب الأخف فتصلح لنمو الأعشاب والشجيرات والنباتات الأخرى ذات الجذور الضحلة أو السطحية، وبسبب الاختلاف الكبير في أنواع الترب في العالم، من حيث التراكيب المعدنية

والعضوية والنسجة والسمك والبنية، فإنها تعد عامل ضبط طبيعي في تحديد أنواع النباتات التي تنمو فيها.

6. السطح:

يلعب السطح دوراً مهماً في توجيه الجبال للرياح المحملة بالرطوبة والحرارة، فالجهـات الجبلية المواجهة للرياح تكون رطبـة، حيـث تسـتقبل كـل أنواع التسـاقط أكـثر مـن السـفوح الأخرى التي تقع في ظل الرياح، والتي تكون عموماً جافة أو شبه جافة، لذلك تكـون السـفوح المواجهة للرياح ذات نمو نباتي غزير أكثر من السفوح الأخرى، والتي تسود فيها نباتات المناطق الجافة أو شبه الجافة، وتكون ذات شجيرات ضعيفة.

وكذلك تميل السفوح الجنوبية المواجهة لأشعة الشـمس في نصـف الكـرة الشـمالي، التـي تميل إلى الدفء أكثر من السفوح الشمالية، والتي تكـون أكـثر بـرودة، وهـذا التبـاين الحـراري يؤدي بنا بالطبع إلى التباين في النباتات أيضاً.

أما الارتفاعات أو الانخفاضات عن مستوى سطح البحر، فتؤدي أيضاً إلى اختلافات نباتية واضحة بسبب التغيرات المناخية، خاصة في درجات الحرارة والرطوبة، ونفـس الشيـء يحـدث عند التواجد بعيداً أو قريباً من خط الاستواء وباتجاه القطبين.

أما الأراضي المستوية فيكون لها تأثير آخر، حيـث يـؤثر عـلى صرف الميـاه، وهـذا بالطبع يؤدي إلى الاختلاف في أنواع النباتات، ففي الأراضي التي هـي شـبيهة القطبيـة رديئـة الصرف، وذات الترب المشبعة بالمياه، لا تنمو النباتات بكثرة فيها، ويؤثر الانحـدار عـلى صرف التربـة أيضاً، فالمناطق المنحدرة بشدة

يكون صرفها جيداً، ولكن سمك تربتها يكون قليلاً، وتكون هـذه الـترب معرضـة للانجـراف والتعرية، لذلك تكون تربتها شابة وقليلة التطور دائماً، وقد يؤثر ذلك على الغطاء النبـاتي، مـن حيث النوع والكثافة، وبقلة الانحدار يزدادا سمك التربة، ما يؤدي على زيادة في كثافة الغطاء النباتي أيضاً.

7. العامل البشري والحرائق:

للإنسان تأثير كبير على النباتات وزيادة كثافتها، وقد أحـدث عـدة تغـيرات وتحـويرات إضافة إلى التدمير الحاصل لكثير مـن مسـاحات الأراضي الزراعيـة وأراضي النباتات الطبيعيـة، وأصبحت بصماته واضحة عليها، وقد تحولت كثير من النباتات الطبيعية إلى نباتـات تـدخل في حياة الإنسان، إضافة إلى أن قسـماً كبـيراً مـن الغابـات قـد اختفـت وحلـت محلهـا الحشائش والمحاصيل الزراعية المختلفة، تلبية للطلب المتزايد على الغذاء، وكل هـذه النشاطات تساوت إلى تغيرات حصلت في البيئة، والتي أثرت بدورها على النباتات وحصلـت التحـويرات المختلفـة فيها، وكذلك فإن ممارسة الإنسان للرعي قد أحدثت تغيرات واضحة في بيئة مناطق الحشائش وزاد ذلك من تعرض تربتها للتعرية حيث إن الحشائش تزيد من تماسك التربـة وحمايتهـا مـن عوامل التعرية والتدمير، وقد أدى الرعي الجائر في كثير من مناطق العالم إلى اختفـاء الغطـاء النباتي، ما أحدث خلالاً في التوازن البيئي، وبالتالي إلى تعرية التربة، وصعوبة إعادة نمو النباتات مرة ثانية.

إن شدة الحرارة وحدوث الصواعق، أو إهمال الإنسان قـد تسـبب في كثير مـن الأحيـان الحرائق في مناطق الغابـات والحشائش، مـا أدى ذلـك إلى اختفـاء مناطق واسـعة مـن هـذه الغابات وسيادة أقاليم البراري، ومن هنا نرى أن

النباتات تتأثر بوجودها وتنوعها، وكثافتها وتوزيعها بكثير من الضوابط، أمـا العوامـل الأخرى فيعد تأثيرها محلياً في الغالب، وهـذا يعنـي أن الأقاليم الكبيرة هـي مـن صنع المناخ، أمـا الاختلافات المحلية داخل الإقليم الواحد، فهي من صنع الضوابط غير المناخية.

المبحث الثاني: الغابات:

إن نمو الغابات بصورة عامة يحتاج إلى وفرة المياه، أكثر مما تحتاجه الأنـواع الأخـرى مـن النباتات، والسبب في ذلك هو كبر أجسام الأشجار، وكثرة أغصانها وإمداداتها وهذا يجعل الفاقد منها عن طريق النتح والتبخر أكثر، وكذلك فإن ارتفاع الأشجار يجعلها عرضة لحركة الرياح، ما يزيد من نشاط عملية النتح.

ومقابل هذه الاحتياجات، من المياه، فإن الأشجار تمتاز بطول جذورها، وهي بذلك قادرة على أن تصل إلى الميـاه الباطنيـة أو ميـاه التربـة العميقـة واستغلالها، للتعويض عمـا تفقده الأشجار عن طريق النتح والتبخر، خاصة في فترات الجفاف مـن السـنة عـن انقطـاع الأمطار، بشرط أن تحتفظ التربة بمقادير كافية من الرطوبة تتجمـع فيها خـلال الفصل المطـير، وهـذا عكس الحشائش التي تموت خلال فصل الجفاف، ثم تعود للظهور بمجرد سقوط الأمطار، وقد تتكيف بعض الأشجار لمقاومة الجفاف، الذي قد يستمر أكثر من ثلاثة أشهر عن طريق اختزان المياه في جذوعها، أو عن طريق نفض الأوراق أو صغرها، وذلك للتقليل من فقدان المياه عـن طريق النتح والتبخر، فالغابات التي تعاني من نقص في المياه تكون كثافتها أقل مـن الغابات ذات الأمطار الكافية، حيث يسبب فصل الجفاف الشديد في قلة كثافة الأشجار وصغر حجمها، ولذا كان

فصل الجفاف طويلاً، فإن الغابة قد تتحول إلى أقاليم حشائش، وتعد الحرارة العامل الآخر المهم في وجود الغابات، ويمكن للأشجار أن تنمو في درجات حرارة مختلفة، ولكن تختلف أنواعها وفصائلها في المناطق الحارة عنها من المناطق الباردة.

وبصورة عامة يمكن للأشجار أن تنمو في الأقاليم الباردة، إذا كان هناك فصل دافئ تكون درجة الحرارة فيه أكثر من (6.1مْ) أو (43ف)، وهي تمثل صفر النمو، وقد ترتفع درجة الحرارة في شهر واحد على الأقل أكثر من (10م) وعلى ذلك فإن درجة الحرارة (6.1مْ) تعد الحد الأدنى اللازم لنمو الأشجار.

وبصورة عامة يمكن تصنيف أشجار الغابات إلى ثلاثة أشكال رئيسة هي:

1. غابات دائمة الخضرة:

هي الغابات التي تتواجد عند توافر الحرارة المناسبة، والرطوبة الكافية على مدار السنة، وتكون نتيجته نمواً غزيراً ومستمراً للأشجار طوال السنة.

2. الغابات المخروطية:

هي الغابات المتواجدة في مناطق العروض العليا، حيث درجة الحرارة المنخفضة، وبسبب توفر الرطوبة طوال العام تقريباً، وانخفاض الحرارة عن (6.1مْ) لمدة ستة أشهر تقريباً، ولذلك، فإن أشجار هذه الغابات تمر بفترة ركود مؤقتة، وبصورة عامة يكون فصل النمو فيها أقل من سنة أو أكثر من ستة أشهر.

3. الغابات النفضية:

هي الغابات التي تنمو في الأقاليم المتوافرة فيها الحرارة المناسبة طوال العام وتمر بفصل جفاف، فإن أشجارها تنفض أوراقها لكي تقلل من شدة عملية التبخر والنتح، وكذلك هناك أشجار غابات تنفض أوراقها في الفصول الباردة من السنة، وعموماً فإن فصل النمو لأشجار هذه الغابات أقل من ستة أشهر.

وفيما يأتي شرح مفصل للأشكال الثلاثة الرئيسة للغابات:

أولاً: الغابات دائمة الخضرة:

تتواجد هذه الغابات في ثلاثة أقاليم رئيسة هي:

الأقاليم المدارية المطيرة، وإقليم البحر المتوسط، والإقليم الصيني.

أ- أقاليم الغابات المدارية المطيرة:

تتواجد هذه الغابات في العروض السفلى، وفي أشد جهات العالم حرارة، حيث تكون الحرارة بمعدل سنوي حوالي (25- 28م) وبرطوبة نسبية لا تقل عن (80%) والأمطار متوافرة بشكل مستمر تقريباً، ولا تقل عن (1800 ملم سنوياً)، ويمتد هذا النطاق بشكل عرضي على جانبي خط الاستواء بين عرض (20) شمال وجنوب خط الاستواء، ونظراً لتوافر أفضل الظروف لنمو أشجار الغابات، فإنها تعكس تواجد أفضل وأكثف وأضخم أشجار الغابات في العالم، فهي سريعة النمو ضخمة الأشجار، وتحتوي على كثير من الأنواع (أكثر من 2500 نوع) وتتمثل بغابات الأمازون الضخمة.

يمكن اعتبار الغابات المدارية بأنها متكونة من عدة طبقات، فالطبقة الأولى تمثل تيجان الأشجار الطويلة (قمم الأشجار)، وتكون بشكل مظلة تتواجد تحتها الطبقة الثانية المتمثلة بتيجان الأشجار الأقصر طولاً مع بعض النباتات المتسلقة، وقد تتواجد في هذه الطبقة أيضاً بعض النباتات الطفيلية التي تنمو على تيجان الأشجار، أما الطبقة الثالثة فتتواجد فيها أشجار ذات جذوع مستقيمة ورفيعة، وذات فروع قصيرة نمت ما بين أشجار الطبقات الثانية والأولى، أما أرض الغابة فهي أرض الطبقة الرابعة، وتكون قليلة النبات نسبياً، وذلك بسبب قلة الضوء الواصل إليها، وتتنوع الغابة المدارية في ثلاث مناطق رئيسة في العالم:

1. حوض الأمازون في أمريكا الجنوبية.

2. سواحل إفريقيا الغربية وحوض الكونغو.

3. الإقليم الأندونيسي – الماليزي.

تعد غابات الأمازون المدارية المطيرة من أكبر الغابات في العالم، (على الرغم من أنها كانت أكبر اتساعاً في السابق)، وتمتاز بكثافة نباتاتها وتنوع أشجارها، أما غابات إفريقيا والمتمثلة بالمناطق الساحلية الغربية وحوض الكونغو، فهي أقل نمواً وتطوراً من غابات الأمازون، ويمثل الإقليم الأندونيسي– الماليزي ثاني أكبر مناطق الغابات المدارية المطيرة في العالم، وقد تعرضت مساحات كبيرة من هذه الغابات إلى التخريب والغزالة بسبب زيادة الكثافة السكانية، والحاجة الكبيرة إلى الأراضي الزراعية لزراعتها بالمحاصيل المختلفة.

من أهم أشجار الغابات المداري المطيرة، هـي: الأبنـوس، والماهوجني، وخشـب الـورد، والمطاط، والكاكاو، وجوز الهنـد، كـما تكـثر فيهـا النباتـات المتسـلقة إضـافة إلى بعـض نباتـات الدرينة المستعملة كغذاء لسكان هذه الغابات، مثل الكاف والباموالتارد.

وإضافة إلى الغابات المداريـة المطـيرة، هنـاك بعـض أقـاليم الغابـات الموسـمية المتميـزة، بوجود الأمطار مع فصل صيف جاف تنخفض فيه درجات الحرارة، ويستمر وجود هذا الفصل ما بين (3- 5) أشهر في السـنة، أمـا معـدل سـقوط الأمطـار فيـتراوح بـين (1000- 2005 ملـم) بالسنة، وكذلك يتميز إقليم الغابات الموسمية بارتفاع المدى الحراري السنوي واليومي، مقارنـة بالإقليم الاستوائي، حيث يكـون المـدى السـنوي مـا يقـرب مـن (10مْ)، وكـذلك فـإن التغـيرات الفصلية أكثر وضوحاً من الإقليم المداري المطير، وخاصة طور النهار وحركات الرياح، مـا يـؤدي ذلك إلى حدوث آثار على النمو النباتي في هـذا الإقلـيم، وقـد تكـون الغابـات الموسـمية بـأنواع الأشجار ذات كثافة عالية خاصة في المناطق الأكثر رطوبة، وذات الفصل الجاف القصير، أمـا إذا طال فصل الجفاف، فـيمكن أن يـؤدي ذلـك إلى تواجـد الغابـات الموسـمية النفضـية (أو شـبه النفضية)، كما قد تتواجد الغابات المكشوفة التي تتخللها مساحات كبيرة من حشائش السـفانا في المناطق القليلة الأمطار.

ولقـد أزيلـت الغابـات الموسـمية السـاج، وشـجرة الحديـد، وخشـب الصـندل، والسـنط واليوكالبتوس .. وغيرها.

ب- إقليم غابات البحر المتوسط:

ترجع أشجار الغابات في هذا الإقليم إلى مجموعة الأشجار الدائمة الخضرة بسبب الظروف المناخية المناسبة لنمو الأشجار وليس الحشائش، فالأمطار شتوية إعصارية والصيف حار، ويميل إلى الجفاف بسبب تركز الضغط المرتفع على هذا الإقليم، ويتميز فصل الشتاء بانخفاض الحرارة مع وجود الأمطار، فتكون الأشجار هي النوع النباتي الذي يلاءم هذا المناخ، وخاصة إذا ما تعلمنا أن كمية الأمطار السنوي هي ما بين (400 – 2000) ملم/سنوياً.

تختلف أشكال الغابات في هذا الإقليم من مكان إلى آخر، حيث كمية الأمطار الساقطة، ففي الجهات التي يكثر فيها المطر تنمو الغابات الدائمة الخضرة، مثل الصنوبر الأرز والبلوط الدائم الخضرة والكافور الدائم الخضرة، أما في الجهات الأقل مطراً فتتواجد فيها أشجار البلوط النفضي والكافور النفضي، وبزيادة فصل الجفاف، تتحول الأشجار لغابة من شجيرات ونباتات أرضية دائمة الخضرة.

وبشكل عام يمكن تقسيم الأشجار في إقليم البحر المتوسط على نوعين هما:

1. الأشجار المقاومة للجفاف والمسماة بالأشجار الأصلية مثل الزيتون والتين.

2. الأشجار غير المقاومة للجفاف المسماة بالأشجار الدخيلة، وتحتاج هذه الأشجار إلى عمليات الري الاصطناعي في فصل الجفاف (الصيف)، مثل الحمضيات والخوخ.

تتواجد أشجار هذا الإقليم بين خطي عرض (30- 45) درجة شمالاً وجنوباً وكذلك في غرب القارات، ويتركز بشكل خاص في حوض البحر المتوسط وفي غرب أمريكا الشمالية (كاليفورنيا)، التي تتمتع بنمط مناخ البحر المتوسط، وكذلك في وسط شيلي (في غرب أمريكا الجنوبية)، وتتواجد أيضاً في إفريقيا الجنوبية (إقليم الكاب) والتي تحولت بسبب التدمير المستمر إلى أحراش، أما في الأجزاء الجنوبية القريبة من أستراليا، تتواجد غابة أشجار اليوكالبتوس، كما تتواجد في الأجزاء الجنوبية الشرقية من قارة أستراليا (ذات الجفاف الأكثر في الجهة الغربي) أشجار اليوكالبتوس القزمة.

جـ- غابات الإقليم الصيني:

هي غابات دائمة الخضرة بسبب الظروف الملائمة لنموها، حيث إن درجة الحرارة لا تنخفض طوال السنة لدرجة تحول دون نمو النباتات، إضافة إلى الرطوبة المتوفرة دائماًَ طوال السنة (عكس إقليم البحر المتوسط ذي الفصل الجاف)، لذلك تتواجد في هذا الإقليم بعض أنواع الأشجار، التي تكون غير موجودة في إقليم البحر المتوسط، وليس لها خاصية مقاومة الجفاف، مثل الرفي والخيزران.

وتختلف الأشجار في هذا الإقليم من ناحية كثافتها وأنواعها، حسب توزيعات درجات الحرارة وكميات الأمطار، فهناك غابات تشابه الغابات الاستوائية من حيث ضخامة الأشجار، ولكنها أقل كثافة، كما تتواجد في مناطق أخرى بعض الأشجار النفضية أو الصنوبرية.

ولقد لعب الإنسان دوراً كبيراً في تدمير كثير من مساحات الغابات، وحل محلها الاستغلال الزراعي والرعوي، وكذلك لأن مناخ هذا الإقليم ملائم لهما،

ومع ذلك تبقى غابات الإقليم الصيني ذات قيمة كبيرة كمورد للأخشاب في العالم، مثل البلـوط والجوز وأشجار الصنوبر.

وتقع معظم أراضي هذا الإقليم في الأجزاء الشرقية مـن القـارات بـين خطـي عـرض (30-40) شمالاً وجنوباً، وفي قارة آسيا بشكل خاص ووسط وشمال الصين وكذلك في أمريكا الشمالية في الجنوب الشرقي مـن الولايـات المتحـدة الأمريكيـة، أمـا في أمريكا الجنوبيـة فتوجـد بعـض الغابات المتفرقة في الأرغواي، وجنوب شرق البرازيل، وفي الساحل الشرقي من إفريقيـا، وكـذلك في الساحل الجنوبي الشرقي من أستراليا.

ثانياً: الغابات النفضية:

هي الغابات المتواجدة في المنطقة الباردة الواقعة في إقليمي غرب أوروبا وسنت لورانس، والمنطقة هذه تعد الموطن الأصلي للغابات النفضية في العالم، وتمتاز أشجارها بـنفض وإسـقاط أوراقها قبل حلول فصل الشتاء، لأن أوراقها عريضة وذات قشرة رقيقة تجعلها حساسة للريـاح الشديدة ودرجة الحرارة الباردة في الشتاء، كما يساعد الجفاف الفسـيولوجي وتوقـف وظيفـة الأوراق في هذا الفصل على نفض الأوراق أيضاً، علماً بأن هناك أنواعاً أخرى من الأشجار تنفض أوراقها في فصل الصيف لاتقاء شدة الحرارة، كما هو الحال في الإقليم الموسمي.

تبدأ الأشجار النفضية والشجيرات بإعادة النشاط فيها، ويحصل لها نمو أوراق ثم الإزهار بمجرد ارتفاع درجة الحرارة عـن (6.1)، علـماً بـأن الشـجيرات والأعشـاب التـي تنمـو في هـذه الغابات تسبق الأشجار الكبيرة، بإعـادة نشـاطها ونمـو أوراقـه وأزهارهـا، وذلـك باستفادتها القصوى من ضوء

الشمس الذي يسهل وصوله إليها، لذا تكون الغابة أثناء فصلي الشتاء والخريف جرداء بسبب نفض الأوراق، أما في فصل الصيف والربيع فإنها تبدو خضراء يانعة.

وقد تحتوي الغابات على أنواع متعددة من الأشجار، فتكون مختلطة مع الأشجار الصنوبرية، أو تكون هناك سيادة كاملة لنوع واحد أو نوعين من الأشجار، مع وجود طبقة غنية بالأعشاب والشجيرات، ويمكن تمييز أربع طبقات في النموات في بعض الغابات النفضية، فمثلاً تتواجد الخرازيات وحشيشة الكبد في مستوى أرض الغابة تعلوها طبقة من النباتات المختلطة العشبية والراخي وتسمى طبقة الحقل، ويلي ذلك طبقة من الشجيرات كشجيرة العليق التي تنمو بارتفاع حوالي ((4.5 متر)، وأخيراً تظهر طبقة الأشجار ذات الارتفاعات المختلفة والتي تزيد بمعظمها عن (30 متراً).

وتنتشر الغابات النفضية في قارة أوروبا خصوصاً في معظم الأراضي المنخفضة الواقعة غرب ووسط أوروبا بين خطي عرض (42- 61) شمالاً، وتمتد نحو الداخل حتى خط طول (20) شرقاً، وتستمر لتظهر في سهل أوروبا الشمالية على شكل غابة مختلطة مع الغابة الصنوبرية، أما في أمريكا الشمالية فتمتد في أراضي الأبلاش في الشرق حتى الميسيسبي في الغرب، إضافة إلى إقليم الغابات المختلطة في منطقة البحيرات جنوب شرق منطقة الغابات الصنوبرية، كما تتواجد الغابات النفضية في شرق آسيا، حيث تشمل معظم الجزء الشرقي من منشوريا أو كوريا والسهل العظمي في شمال الصين، ومعظم هضبة شانشي- وشانتونج، والنصف الشمالي لجزيرة هونسو في اليابان.

ثالثاً: الغابات المخروطية (الصنوبرية):

يتركز تواجد هذه الغابات في المنطقة المعتدلة الباردة والمنطقة دون القطبية ذات الشتاء البارد الطويل (7- 8) أشهر، ويصل المتوسط السنوي لدرجات الحرارة إلى (4.5م°) مع انخفاض واضح في درجات الحرارة إلى أقل من درجة الصفر المئوي لفترة (4- 5) أشهر، وفي هذه الدرجة يستحيل فيها نمو أي نبات، أما في الصيف القصير نسبياً (3- 4) أشهر، فترتفع درجات الحرارة إلى (10مْ) مع طول واضح في ساعات النهار (15- 20) ساعة، وبذلك يتعوض النقص في الحرارة عن طريق الحرارة المتجمعة، ودورها في صنع النمو النباتي في هذه المناطق، على الرغم من قصر النمو، أما حاجة الغابة إلى الأمطار فقليل وقد يكفيها حوالي (25 سم) من الأمطار المتمركزة في فصل النمو، علماً بأن معظم التساقط في هذا الإقليم يكون على شكل ثلوج.

ولمقاومة الظروف الصعبة وقساوة المناخ الشديد، فقد تأقلمت أشجار هذه الغابات بأن تتخذ الشكل المخروطي المتماسك ليساعدها على انزلاق الثلوج، وكذلك إعطاء مقاومة الأشجار للرياح الشديدة، وقد تأقلمت الأوراق أيضاً لتلاءم البرودة القاسية، فقد أصبحت إبرية صغيرة مغطاة بقشرة صلبة وسميكة لتقليل ظاهرة النتح والبرودة، كما أن لجذور أشجارها الطويلة المستقيمة طبقة من الماء الصمغي السميك، ليساعدها على حماية الأنسجة الخشبية من أخطار الصقيع، كما أن هذه الأشجار تحتفظ بأوراقها دون نفضها، بل تضيف إليها في موسم النمو أوراق جديدة، وهذا ما يساعد الأشجار على بدء عملية التمثيل الضوئي بمجرد انتهاء فصل الشتاء.

تمتاز الغابات المخروطية بعدم تنوع أشجارها، إذ أن هناك مساحات واسعة لا يغطيها أكثر من نوع واحد أو نوعين من الأشجار فقط، وهذا ما يعطيها قيمة اقتصادية كبيرة، ويستثنى من ذلك المناطق القريبة لمجاري الأنهار، حيث تتواجد الأشجار المخروطية إضافة إلى أشجار الصنوبر والتنوب والشربين، وكذلك بعض الأشجار النفضية كالتبولا واللاريس.

وتمتلك أخشاب هذه الغابات صفات مهمة كونها لينة، وهذه ميزة جيدة في صناعة الأثاث المنزلي.

يتركز تواجد إقليم الغابات المخروطية في نصف الكرة الشمالي فقط، ويحتل نطاقاً واسعاً يمتد في أقصى غرب أمريكا الشمالية إلى أقصى الشرق، أما حدها الجنوبي فيمتد من الدائرة القطبية في الغرب، ثم يتجه نحو الجنوب ليصل إلى خط عرض (55 ْ) شمالاً، وبعدها يمتد إلى شرق القارة ليصل على خط عرض (45 ْ) شمالاً، وفي أوراسيا تتمركز الغابات الصنوبرية على حواف التندرا، حتى خط عرض (60 ْ) شمالاً في أوروبا (50 ْ) شمالاً في شرق آسيان، ويعد خط الحرارة المتساوي (10مْ) لأدفأ شهور الحد الشمالي لهذا الإقليم، لأن الأشجار لا يمكنها النمو إلا إذا كان هناك شهر واحد على الأقل ترتفع الحرارة فيه إلى (10مْ) أو أكثر.

الغابات في الوطن العربي:

على الرغم من ملائمة مناخ الوطن العربي لنمو أشجار الغابات وانتشارها إلا أنها تعد قليلة وفقيرة، مقارنة بأقاليم الأراضي الأخرى من العالم، إذ إن نسبة مساحة الأراضي الصالحة لنمو الغابات تقدر بـ (27.6%) من مجموع مساحة الوطن العربي الكلية.

لقد لعبت عوامل التخريب والـدمار في أراضي الغابات دوراً مهـماً في تقليص مساحات هذه الأراضي، حيث تعرض الكثير منها إلى الحرائق والقطع الكيفي والرعي الجائر، والاستغلال غير الصحيح، ويدل وجود بقايا الأشجار والشجيرات في الجبال والمناطق البعيـدة عـن المـدن في فلسطين والأردن البطم والعرعر وكذلك كان هناك غطاء نباتي كثيف يغطي مساحات شاسعة من شمال ووسط العراق، (ولقد اقتصر وجودها الآن في المنطقة الشمالية الشرقية وبشكل غير جيـد ومتـدهور)، وكـذلك تتواجـد الغابـات في دول الغـرب العـربي ومصرـ والسـودان، حيث تعرضت لنفس الظروف السابقة من التخريب، وأدى ذلك إلى غزالة مساحات كبيرة، حتى أنها اضمحلت بدرجات كبيرة وأعطت فرصة واضحة لظهـور وزحـف الصـحراء والتصحر في أراضٍ كبيرة منها.

كما أن هناك مساحات متـوفرة غير صغيرة مـن الأراضي الغابيـة المتفرقـة والمنتشرـة في الجبال والوديان، لكل من الأردن وسوريا والسعودية واليمن، إضـافة إلى الغابات المنتشرة في السودان والصومال وموريتانيا.

المشاكل التي تواجه الغابات:

لقد كان الإنسان والطبيعة قاسيين على أشجار الغابات، فقد استغلت هذه الغابات منـذ القدم، ودون الاهتمام بها أو بما يصيبها مـن عـوارض وآفـات حيويـة وغـير حيويـة، لـذا فإنها تعرضت إلى مشاكل كثيرة سببت تناقصاً في مساحتها عما كانت عليه سابقاً، وقد كـان للتلـوث دور مهم أيضاً في قلة الأشجار أو القضاء عليها تماماً، وهـذا بـدوره انعكس تأثيره عـلى كافـة الأحياء الأخرى الموجودة في محيط الغابات.

وفيما يأتي ملخص لأهم المشاكل التي تواجه الغابات في العالم:

أولاً: الحرائق:

هي من أكبر وأخطر المشاكل التي تواجهها الغابات في العالم، والتي أدت إلى تقلص مساحتها وخاصة في الأقاليم التي تتعرض لفترات الجفاف، كمناطق أمريكا وأستراليا وأراضي الاتحاد السوفييتي (السابق)، والشرق الأوسط، فقد سببت هذه الحرائق في إزالة مساحات كبيرة جداً من مناطق الغابات، إضافة إلى إحداث الأضرار الكبيرة بالبيئة والتربة والإنسان والأحياء الأخرى.

ويمكن تقسيم حرائق الغابات حسب مناطق حدوثها على الآتي:

أ- الحريق الأرضي:

هو الحريق الحاصل في أراضي الغابة، وينشب في بدايته في الطحالب الميتة حيث تنتشر النار تحت سطح التربة وقد تصعد إلى الأعلى، وتعد هذه الحرائق قليلة الحدوث بسبب عدم توفر الظروف اللازمة لحدوثها في جميع مناطق العالم، إضافة إلى أنها تحدث تحت سطح الأرض، ويمكن الاستدلال على حدوثها تصاعد أعمدة الدخان من الشقوق والفراغات الموجودة في سطح التربة.

ب- الحريق السطحي:

هو أكثر أنواع الحرائق التي يصيب الغابات حدوثاً، وينتج عن احتراق المواد القابلة للاشتعال والموجودة فوق سطح الأرض، مثل الأغصان اليابسة، والأوراق والجذوع وغيرها، ويعد هذا النوع الأساسي لجميع الحرائق التي تحدث للغابات في العالم.

جـ- الحريق التاجي:

يحدث نتيجة احتراق الأغصان أو المواد الصمغية، أو حرائق الطبقة الوسطى فتحول النار السطحية بتأثير الهواء، ووجود المواد القابلة للاشتعال في الطبقة الوسطى من الغابة إلى المناطق التاجية، ومن صفاته احتراق تيجان الأشجار، وكذلك الغطاء النباتي، وبالآخر يؤدي إلى تدهور الغابة.

أسباب نشوب حرائق الغابات:

وتختلف هذه الأسباب من بلد لآخر ومن منطقة لأخرى، فمثلاً يعد البرق من أهم أسباب حدوث الحرائق في غابات أمريكا، في حين يمثل الإنسان السبب الرئيس لنشوب الحرائق في غابات الدول النامية.

ومن أهم هذه الأسباب الآتي:

1. الإهمال:

يتسبب الإهمال في البلدان النامية بحدوث الحرائق بنسب قد تصل إلى ما يقرب من (50%) أو أكثر، مع وجود بعض الاختلافات حسب المناطق ومستوى الوعي الثقافي الغابي، وقد يتسبب الإهمال من قبل زوار الغابات، أو العاملين فيها والحطابين وقاطعي الأشجار في رمي أعقاب السجائر، أو إشعال النار في الغابات للأغراض المختلفة، وعدم إطفائها وتركها تشتعل، ومن ثم تسبب نشوب الحرائق خاصة في أيام هبوب الرياح كما يعد حرق الأدغال والأعشاب للتخلص منها من قبل المزارعين وتركها دون رقابة، وإشعال النيران لغرض إخافة الحيوانات المختلفة، تعد نوعاً من الإهمال أيضاً.

2. التعمد أو القصد:

وهي الحرائق التي تحصل بسبب محاولة توسيع مساحات الأراضي الزراعية والمراعي الواقعة قرب الغابات، أو إشعال النار المتعمد للأخذ بالثأر في إتلاف المزروعات، أو تغطية سرقة أموال الدولة. وتتحدد نسبة حدوث هذه الحرائق باختلاف درجات الوعي الثقافي الغابي ولكنها لا تتجاوز الـ (7%).

3. المعامل والمصانع والقاطرات:

قد تسببت القاطرات في حدوث الحرائق في الغابات، وذلك عن طريق تطاير الشظايا والشرارات من القاطرات، وكذلك المصانع والمعامل الموجودة داخل أو قرب الغابات، فإنها قد تحدث الحرائق في الغابات، وهذا يعتمد على الدول ونوع الوقود المستعمل، وقد تصل نسبة الحرائق المتأتية من المعامل أو المصانع أو القاطرات إلى حوالي (2.5- 4%)، من مجموع أسباب حدوث الحرائق للغابات في العالم.

4. الصيد:

يأتي ذلك من خلال إهمال الصيادين في عدم إطفاء النار وبقاياها، والتي تنتج عن إطلاق العبارات النارية على الحيوانات أثناء صيدها، وقد تسبب حدوث الحرائق بنسبة قليلة وقد تصل في تركيا إلى (0.5%).

5. البرق والصواعق:

وهما من أهم أسباب نشوب الحرائق في غابات أمريكا، وقد تصل نسبة حدوثها إلى (49%).

6. أسباب أخرى مجهولة:

وقد تحدث الحرائق في الغابات لأسباب غير معروفة، ولا يمكن التثبيت من معرفة مسببها بشكل دقيق، وقد يكون الإنسان هو المسبب الرئيس لها، إلا أن سبب قيامه بذلك يبقى غير معروف بالنسبة للجهات المسئولة.

وكما للحرائق سلبيات، فهناك إيجابيات، حيث يمكن الاستفادة من الحرائق في الغابات خاصة في بعض الأقطار المتقدمة كالآتي:

أ- القضاء على مخلفات الغابات والمواد القابلة في الاشتعال الموجودة في مساحات معينة من الغابات، وتخليص هذه المساحات حتى الأدغال المضرة والنباتات غير المرغوب فيها.

ب- يمكن الاستفادة من حرائق الغابات بزراعة أنواع أخرى جيدة، كغطاء نباتي جديد لها.

جـ- نتيجة الاحتراق الغابات وتعرض تربتها للتعرية من النباتات، فقد يسهل وصول بذور النباتات الجديدة إلى التربة لإنباتها بشكل طبيعي.

ولكل ما تقدم فإن مكافحة أسباب الحرائق في الغابات، مع زيادة الوعي التثقيفي الغابي، والمراقبة الشديدة، وخاصة أيام كثرة زيارة الغابات في أيام العطل، مع الاهتمام بطرق إخمادها وإنشاء الأجهزة الخاصة بذلك قرب أو داخل الغابات، كل ذلك يؤدي التقليل من كوارث الحرائق في هذه المناطق ويسهل السيطرة عليها.

ثانياً: الإنسان:

يعد الإنسان من أكبر الأخطار التي تهدد الغابات بعد الحرائق، حيث يتسبب في حدوث أضرار كبيرة تختلف من منطقة إلى أخرى، ومن بلد إلى آخر، حسب الظروف الاجتماعية والاقتصادية والوعي الثقافي العام لسكان الغابات، وقد انعكس تأثير الضغط السكاني والطلب على الغذاء، وخاصة في المناطق المجاورة للغابات وأصحاب الحيوانات والرعاة على طبيعة الغابات، فبات من الضروري محاولة زيادة مساحة الأراضي الزراعية بإزالة وتخريب الغابات، وباستعمال مختلف الطرق، كالقطع أو القلع أو الحرق للأشجار، لغرض توفير ما يحتاجه السكان من مواد غذائية، ولتأمين المراعي ولسد احتياجات حيواناتهم، وقد ثبت أن عملية إزالة الغابات والرعي الجائر للحيوانات تسبب إثارة التربة، وبالتالي زيادة تعرضها للتعرية، خاصة في الأراضي الشديدة الانحدار، وعلى سفوح الجبال والتلال، ويزداد ذلك مع مرور الزمن، بسبب فقدان الغطاء النباتي، وانعدام ترابط حبيبات التربة لهذه الأراضي، ويظهر ذلك جلياً في المناخات الجافة، وشبه الجافة وحتى الرطبة.

ثالثاً: الأمراض:

تتعرض أشجار الغابات للعديد من الأمراض التي تسبب هلاكها، أو التقليل من قيمتها الاقتصادية ورداءة أخشابها، وقد تسبب هذه الأمراض في انقراض عدد من الأشجار، وضعف نمواتها الجديدة، لذا بات من الضروري الاهتمام بمراقبة أشجار الغابات، وتحديد أمراضها واستعمال المبيدات المناسبة والفعالة للقضاء على الحشرات، والبكتيريا الضارة التي تصيب الأشجار، وقد

أثبتت الدراسات العديدة على أن استعمال المبيدات بشكل غير عملي، يؤدي إلى إلحاق أضرار بليغة بأشجار الغابات وبالحشرات المفيدة، وكذلك الحيوانات والطيور الموجودة في هذه المناطق، وتزيد من الإخلال بالتوازن البيئي والطبيعي فيها.

المبحث الثالث: الحشائش:

هي عبارة عن نباتات صغيرة وضعيفة إذا ما قورنت بالأشجار والشجيرات، وتنتمي الحشائش إلى العائلة النجيلية أو العشبية وحيدة الفلقة، وتضم أكثر من عشرة آلاف صنف، بعضها مهم للإنسان، كالحبوب، والذرة، والقصب السكري، والخيزران، والأعشاب الطبية، وغيرها الكثير، ويمكن تقسيم الحشائش حسب دورة حياتها إلى ما يأتي:

1. **الحشائش السنوية:** وهي الحشائش التي تتم دورة حياتها خلال سنة واحدة، وبذلك يمكن أن تحدد دورة حياتها كل سنة.

2. **الحشائش ضعف السنوية:** هي الحشائش التي تنبت وتنمو خلال السنة الأولى يمكن أن تحدد دورة حياتها كل سنة.

3. **الحشائش الدائمة:** وهي الحشائش التي يدوم نموها وتكاثرها بشكل مستمر.

تغطي الحشائش مساحات شاسعة جداً من سطح الأرض، وتختلف أقاليمها عن أقاليم الغابات باحتياجاتها المائية والمناخية الأخرى، فهي بذلك تسود في المناطق التي تسقط فيها الأمطار بكميات أكثر من الجهات الصحراوية، ولكنها لا تكفي لنمو الأشجار، إضافة إلى ذلك فإن أنواع التربة وظروف

السطح تلعب دوراً مهماً في وجودها، وأصلح أنواع المناخ لظهور الحشائش ونموها التي يتوفر فيها فصل نمو دافئ وممطر، وفصل آخر يتوقف أثنائه نمو معظم الحشائش بسبب انقطاع الأمطار، أو انخفاض درجات الحرارة عن الصفر المئوي (6.1م).

تختلف الحشائش في أطوالها حسب كميات الأمطار والحرارة، فهي تحتاج إلى أمطار فصلية تقدر بحوالي (250- 500 ملم) في العروض المدارية، وتتواجد معظم الحشائش في الأقاليم التي تسقط أمطارها في فصلي الصيف والربيع أو كليهما، وقد درت أطوال نباتات الحشائش ببضع سنتيمترات، أو قد تصل إلى ما يقرب من الست أمتار، في حين يرتفع البامبو إلى حوالي (30 متراً)، وعموماً يمكن اعتبار أن إقليم الحشائش المدارية أكثر طولاً من حشائش الأقاليم المعتدلة.

وتختلف الحشائش في كثافتها من منطقة إلى أخرى، تبعاً لكمية الأمطار التي تسقط خلال فصل النمو، وبصورة عامة هناك نوعان رئيسان من الحشائش:

1. حشائش الأقاليم المدارية (السفانا).

2. الأقاليم المعتدلة (الاستبس).

1. حشائش الأقاليم المدارية (السفانا):

السفانا هي المظهر الرئيس للأقاليم المدارية الحارة، وكلمة سفانا هي هندية الأصل، وتعني إقليم الحشائش الحاوي على بعض الأشجار والشجيرات القليلة المتناثرة هنا وهناك، وخاصة في المناطق الأكثر مطراً.

للعوامل المناخية دور مهم في وجود هذه الحشائش، فالحرارة المرتفعة لا تقل عن (18م) في أي شهر من أشهر السنة والرطوبة عالية، إضافة إلى فصل من الجفاف، وقد يختلف طول فصل الجفاف والرطوبة من منطقة إلى أخرى حسب الموقع الجغرافي، إذ يبلغ طوله ما بين (3-8) أشهر، وكمية الأمطار تتراوح ما بين (500- 1000م)، وتسقط أكثرها في فترة ارتفاع الحرارة، وبهذه الحالة فإن قسماً كبيراً منها يعود للجو عن طريق تبخره، لـذا يمكن للنبـات الاستفادة منه، وبذلك ولكل ما تقدم فإن هذه العوامل قد جعلت الإقليم ملائماً لنمـو الحشـائش وليس للأشجار.

تتواجد حشائش السفانا في أراضٍ واسعة من المنطقة المدارية وشبه المدارية بـين خطـي عرض (8- 25) شمالاً وجنوباً، وخاصة في إفريقيا، وأمريكا الجنوبيـة وآسيا وأستراليا، أمـا أكثر وأوسع نطاق تتواجد فيه السفانا فهي قارة أفريقيا حيث تحيط بالغابة المدارية المطيرة ابتـداءً من خط عرض (15) شمالاً وإلى خط عرض (25) جنوباً، إضافة إلى تواجـدها في غرب جزيرة مدغشقر، أما في أمريكا الجنوبية فتغطي معظم هضبة البرازيل، ويطلق عليها محلياً كـامبوس، وكذلك الجزء الأكبر من حوض الأورينوكو، ويطلق عليه لانوس، إضـافة إلى المناطق الداخلية والشريط الساحلي الشرقي من البرازيل، وتتواجد السفانا في آسيا حيث تشكل أنطقة ضيقة في جنوب وجنوب شرق آسيا.

أما في القارة الهندية، فيمكن مشـاهدتها في الشـمال الغربي والأجـزاء الجنوبيـة الغربيـة والجنوبية الشرقية في هضبة الدكت، وكـذلك في الهنـد الصينية والجـزر الشـقية، كـما تتواجـد السفانا في الشمال، الغربي من أستراليا، وكذلك في جنوب غرب كوينزلاند عبر هضبة باركلي.

2. حشائش الأقاليم المعتدلة (الاستبس أو البراي):

لأقاليم الحشائش المعتدلة تسميات عدة حسب مواقعها الجغرافية، فقد أطلق اسم البراري على الإقليم الغني بالحشائش المعتدلة في أمريكا، أما في أوراسيا فيسمى الإقليم بالاستبس، وفي سيبيريا يسمى سهوب إما في أمريكا الجنوبية (الأرجنتين) فيطلق عليه البمبا وفي إفريقيا يسمى الفيلد.

تمتاز أقاليم الحشائش المعتدلة بأن لها مناخ قاري، فالصيف حار نسبياً (15- 22م°) والشتاء بارد، حيث تصل درجات الحارة فيه إلى ما دون الصفر المئوي في بعض الشهور، وبذلك يكون المدى الحراري كبيراً نسبياً، أما كمية الأمطار الساقطة فهي متوسطة (200- 450 ملم/سنوياً)، فتعد قليلة لأن معظمها يسقط في الفصل الحار من السنة.

يمتاز إقليم الاستبس بقلة أشجاره، مقارنة مع إقليم السفانا، وخاصة في نصف الكرة الشمالي بسبب قلة الرطوبة فيه، أما في نصف الكرة الجنوبي، فعلى الرغم من صغر المساحات الموجودة فيها هذه الحشائش، فإنها تحتوي على بعض الأشجار والشجيرات وقد يكون سبب ذلك ضيق اليابس الذي يسمح بوصول الرطوبة البحرية إليه.

تختلف حشائش الأقاليم المعتدلة من ناحية الطول حسب كميات الرطوبة المتوفرة، فهناك الحشائش الطويلة (ارتفاعها حوالي 3 أمتار)، التي تنمو في المناطق الأكثر رطوبة، أما في المناطق الأقل رطوبة فإن ارتفاع الحشائش لا يتجاوز (1- 1.5 متر)، لقد حول الإنسان كثيراً من مناطق الحشائش المعتدلة إلى أراضٍ زراعية ذات إنتاجية عالية، وخاصة في المناطق الأكثر إمطاراً، حيث تمتلك أخصب أنواع الترب في العالم، كما هو في أوروبا وآسيا وأمريكا، أما

المناطق الأقل مطراً، فتعد من أخصب وأغنى المراعي في العالم، علماً بأنها قد تأثرت كثيراً في المساحة وكثافة الحشائش بسبب الرعي المفرط فيها.

وتتواجد أراضي الحشائش المعتدلة وسط أمريكا الشمالية، وغربها في خط عرض (53مْ) شمالاً في كندا، إلى خط عرض (12مْ) جنوباً، في تكساس، فضلاً عن تواجدها في بعض الهضاب وأحواض الغرب والوادي الأوسط في كاليفورنيا.

وفي أوراسيا، حيث أزيلت معظم حشائشها وتحولت إلى أراضٍ لزراعة الحبوب وبإنتاجية عالية، أما أراضي الحشائش الأقل نمواً فإنها تركت كمراعٍ للحيوانات.

وفي أميركا الجنوبية تتواجد أراضي هذه الحشائش في الأرجنتين حيث تغطي المناطق الشمالية والجنوبية والغربية من بوينس آيرس، وكذلك تغطي حوالي نصف مساحة الأرغواي ومساحات صغيرة من البرازيل.

وفي إفريقيا تتواجد الحشائش المعتدلة في الأطراف الجنوبية للقارة، ولا سيماً الأجزاء الشرقية من هضبة إفريقيا الجنوبية، أما في الأجزاء الغربية لنفس الهضبة فتتواجد فيها رقع من الحشائش عديمة الأشجار.

أما في أستراليا فتحتل الحشائش المعتدلة مناطق غرب مرتفعات أستراليا الشرقية، وفي حوض ميري ودارلنج وكذلك في نيوزلندا، وخاصة الجزيرة الجنوبية منها حيث حولت معظم هذه الأراضي إلى مناطق زراعية ومراعي.

المبحث الرابع : النباتات الصحراوية :

تمتاز الأقاليم الصحراوية بنقص حاد في الأمطار، وانعدامها وضآلة غطائها النباتي، وبقية الأحياء الأخرى.

وقد أثبتت الدراسات العلمية على أن الفقر الحيوي للصحارى يأتي من عدة عوامل متداخلة بعضها مع بعضها الآخر، وأهم هذه العوامل: قلة الأمطار، وارتفاع درجة الحرارة، والهواء، والتربة، وزيادة التبخر، وهذه العوامل هي السبب الرئيس في تواجد الصحارى القطبية وجودها في مناطق ذات درجات حرارة منخفضة جداً حيث إن الجفاف وندرة الأمطار والعطش الفسيولوجي لنباتات هي السائدة، على الرغم من وجود الماء على شكل ثلوج، وهناك اعتقاد خاطئ أن الصحراء تمثل اللاحياة، حيث قلة النباتات والكائنات الحية الأخرى، ولكن تتميز هذه المناطق بطبيعتها الحية، فقد تنبعث الحياة فيها بمجرد توفر المياه والرطوبة، والأحياء الصحراوية بشكل عام دائمة التغير حسب الظروف المناخية، فهناك أحياء تتسم بقصر دورات حياتها، وأخرى تسببت أثناء الظروف الطبيعية غير الملائمة لحياتها، لذا فإن البيئة الحيوية قد كيفت نفسها حسب الظروف المناخية وإن لم تستطع فإنها سوف تفنى وتموت، وقد حصلت تطورات كثيرة في النباتات الصحراوية لكي تتمكن من تحمل ظروف الجفاف، وارتفاع حرارة الهواء، والتربة خاصة في النهار وانخفاضهما في الليل، إضافة إلى ذلك فقد تحتوي التربة على نسبة عالية من الأملاح المختلطة مع نسبة قليلة من المواد العضوية والغذائية الضرورية لحياة النبات، وهناك بعض النباتات تتأثر بالجفاف، ولا تستطيع مقاومته، كالنباتات الحولية والحشائش، فتبقى ساكنة ثم تعود إليها الحياة من جديد عند توفر

الرطوبة أو سقوط الأمطار حتى تتمكن من إكمال دورة حياتها، ومن التكيفات المهمة لبعض النباتات لتتمكن من مقاومة الجفاف، هي استطالة جذورها حتى يمكنها اختراق التربة والوصول إلى الطبقات الرطبة منه، أو الوصول إلى مصادر المياه، وقد تنقص أوراقها أو تحول أوراقها لتكون على شكل أشواك بدلاً من الأوراق الأصلية، ويمكن أن تحتوي أسطح بعض أوراق النباتات على طبقة شمعية أو غطاء إبري، وقد تحورت مسام الأوراق لتكون عميقة وبعيدة عن حركة الهواء الذي يزيد من عمليات التبخر من سطح الأوراق، وقد تختزن بعض النباتات الماء في سيقانها وجذورها مثل الصبير، كل هذه التحورات والتكيفات كثرت للتقليل من تأثير الجفاف أو مقاومته في البيئات الصحراوية الصعبة.

ويمكن تقسيم نباتات الأقاليم الصحراوية حسب الظروف المناخية إلى:

أولاً: نباتات الأقاليم الصحراوية الحارة:

تمثل هذه الأقاليم مساحات شاسعة من العالم، فهي تمتد في إفريقيا من ساحل المحيط الأطلسي غرباً وحتى البحر الأحمر شرقاً، وتقع ضمن هذه المساحة الصحراء الكبرى، وهي أكبر الصحارى الموجودة في العالم، وتمتد مجتازة البحر الأحمر نحو الصحراء العربية وصحراء ثار الهندية، أما في أمريكا فتتواجد الصحراء الحارة في مقاطعة كاليفورنيا، وتقل أراضي هذه الأقاليم مساحة في الصحارى الحارة الواقعة في نصف الكرة الجنوبي، وهي عبارة عن شريط ضيق في أمريكا الجنوبية، وتنحصر بين الساحل والسلاسل الجبلية في كل من بيرو وشمال شيلي، وصحراء ناميب في الجنوب الغربي في إفريقيا وكذلك صحراء استراليا.

وعلى الرغم من أن البيئة الصحراوية الحارة قاسية جداً ويصعب العيش فيها، إلا أن هناك الكثير من النباتات يمكنها النمو رغم قلة الأمطار (أقل من 250 ملم سنوياً) والحرارة العالية، إذ إن هذه النباتات قد كيفت نفسها للعيش في هذه البيئات الصعبة، فقد يلاحظ وجود النباتات ذات العصارة تعيش في المناطق الحصوية وكذلك الحشائش العنقودية الموجودة متناثرة بين الكثبان الرملية، ويمكن اعتبار مناطق المجاري الجافة الحاوية على طبقة من الرمل والحصى- في قاعها، وكذلك مناطق الواحات بيئات صالحة لنمو أشجار النخيل والطرفاء كما تنمو بعض الأدغال القزمية، مثل حشيشة الأرز وحشيشة كبد البحر وخاصة مناطق المنخفضات الملحية والرطبة.

وعند توافر المياه فإن أجزاءً مهمة يمكنها أن تتحول إلى بيئات صالحة للزراعة، وقد استصلحت الكثير من الأراضي الصحراوية في الوطن العربي، لتصبح مناطق زراعية منتجة كما هو الحال في مصر والعراق.

ثانياً: نباتات الأقاليم الصحراوية المعتدلة:

من أهم الأسباب التي أدت إلى أن تصبح الأقاليم المعتدلة صحراوية قاحلة، هي بعدها عن البحار وتأثيراتها، إضافة إلى شكلها الحوضي وانحصارها بين الأراضي المرتفعة، وأضداد الأعاصير شتاءً، وهذا ما جعلها شديدة البرودة، أما في فصل الصيف فتكون شديدة الحرارة، وبذلك يتركز فوقها ضغط منخفض مما جعلها منطقة جذب للرياح القادمة من المسطحات المائية، وعلى الرغم من ذلك فلا تسقط عليها إلا كميات قليلة من الأمطار بسبب تكوينها وبعدها عن البحار، وقد تسقط على هذه الأقاليم بعض الأمطار

القليلة، خاصة على الصحارى القريبة من المسطحات المائية، أو التي تتمتع بالرطوبة وخاصة المناطق المرتفعة منها.

وتعد الأقاليم الصحراوية المعتدلة أقل مساحة من الأقاليم الصحراوية الحارة، حيث تتواجد في قارة آسيا في الأراضي الواقعة بين بحر قزوين وخليج خنجان، وأهمها صحراء داشتي كفير ولوط في إيران، وقزل قول وقرة قوم في تركستان، وهذه الأقاليم غير متصلة مع بعضها، وهي عديمة الحياة النباتية بشكل عام، وإن توفرت فهي قليلة جداً، وتعود إلى مجموعة النباتات غير الدائمة والتي تنمو في المناطق الجافة، أما في المناطق المتوفرة فيها رطوبة أكثر كإقليم صحراء جوبي في آسيا الصغرى، فقد تنمو فيها نباتات متحورة على شكل شجيرات شوكية متقزمة، إضافة إلى حشائش رفيعة قليلة الكثافة مع وجود بعض المراعي ذات الحشائش القليلة النمو والقصيرة الارتفاع، وتنمو فيها أيضاً نباتات الصبير الكثيرة الأصناف وخاصة في صحراء الحوض العظيم في أمريكا الشمالية وبالتحديد في صحراء بتاجوينا أمريكا الجنوبية.

ثالثاً: نباتات الأقاليم الصحراوية الباردة التندرا:

تحتل هذه الأقاليم المناطق القطبية التي يغطيها الجليد الدائم والأراضي التي تغطى بالثلوج، وتتجمد في بعض أشهر السنة والمعروفة بالتندرا، وتكون درجات الحرارة في المناطق القطبية في معظم فصول السنة أقل من (6.1م°) وهي بذلك معدومة الغطاء النباتي الطبيعي، أو تكون فقيرة جداً بالنباتات المتناثرة هنا وهناك بكثافة قليلة جداً.

أما في إقليم التندرا فتكون الصحارى عبارة عن نطاق مستمر هو المحيط المتجمد الشمالي، ويختلف عرض هذا النطاق من مكان للآخر فهو يكون

ضيقاً كما هو الحال في سيبيريا أو يزداد عرضه كما هو الحال في شمال كندا، حتى يصل إلى خط عرض (53 ْ) شمالاً، أما نصف الكرة الجنوبي فهو عبارة عن بقع قليلة متناثرة ذات غطاء نباتي شبيه بالتندرا.

ويمتاز إقليم التندرا بعدم احتوائه على الأشجار، وقد يعود السبب لوجود الجفاف الفسيولوجي الذي لا يمكن للنبات من امتصاص الماء رغم توفره على شكل ثلوج، وتكون درجة الحرارة لأدفأ الشهور قليلة لا تزيد عن (10 ْ) ، وتتجمد التربة **(perma juost)** لأكثر من تسعة شهور في السنة، حيث تنمو بلورات الثلج، وتحتل كل الفراغات في التربة، ما يسبب تمزقاً لنسيج التربة وتحطم تجمعات حبيباتها، ولقد كيفت نباتات التندرا نفسها مع هذه الظروف المناخية الصعبة، من حيث انخفاض الحرارة وانجماد طبقات التربة على مدار السنة، ومع ذوبان الثلوج في الطبقة السطحية من التربة لمدة لا تزيد عن (2- 3) أشهر في السنة، لذلك تكون فقيرة بالنباتات، وتختلف هذه النباتات بشكل كبير من موضع لآخر حسب اختلاف البيئات المحلية، كما أن كثافة الغطاء النباتي تكون مختلفة أيضاً تبعاً لاختلاف درجة تجمد التربة وشدة الرياح، وبصورة عامة تمتاز نباتات التندرا بقلة أصنافها وتأثرها بالدورات الفصلية، وقلة تأقلمها مع البرودة الشديدة، وتجمد تربتها، وهي بذلك تكون قليلة وضعيفة وذات دورات حياة قصيرة، وأهم نباتات التندرا الخلنج والطحالب والأشنات والنباتات العشبية الخالية من نمو الأشجار والشجيرات.

المصادر العربية

المصادر العربية

1. أحمد عادل راشد، الإعلان، دار النهضة العربية، بيروت، 1981م.

2. أبو العطاء فهمي هلالي: الطقس والمناخ/الإسكندرية 1970.

3. أبو العينين، حسن سيد : أصول الجغرافيا المناخية / الإسكندرية 1981.

4. أبو العينين، حسن سيد : كوكب الأرض/الإسكندرية 1974.

5. الأشعب، خالد: الموارد الاقتصادية/جامعة بغداد 1976.

6. البناء علي علي : الجغرافيا المناخية والنباتية/ بيروت 1968.

7. الخشاب، وفيق وآخرون: علم الجيوموفولوجيا/ بغداد 1978.

8. الخشاب، وفيق والصحاف، مهدي : الموارد الطبيعي / بغداد 1976.

9. الشلش، علي حسين: جغرافية التربة / جامعة البصرة 1983.

10. الشلش، علي حسين والخفاف، عبد علي: الجغرافيا الحياتية/التعليم العالي والبحث العلمي/ جامعة البصرة 1983.

11. الصحاف، مهدي: الموارد المائية في العراق وصيانتها من التلوث/ بغداد 1976.

12. الصحاف، مهدي محمد علي وآخرون: علم الهيدرولوجيا/ وزارة التعليم العالي والبحث العلمي/ بغداد 1983.

13. المختار، علاء داوود: ترسيم الخرائط والوصف المورفولوجي للتربة الجبسية في العراق – أطروحة دكتوراة باللغة الإنجليزية كلية العلوم- جامعة كنت الرسمية / بلجيكا 1987.

14. المختار، علاء داوود: محاضرات الجغرافيا الطبيعية والجغرافيا المناخية وجغرافيا الأرض الجافة والجغرافيا الحيوية/ قسم الجغرافيا – كلية العلوم والآداب جامعة ناصر/ ليبيا 1998 -2001.

15. المختار، علاء داوود: محاضرات التربة العامة ومسح التربة واستعمالات الأراضي/ قسم الأرض والبيئة – كلية الموارد الطبيعية والبيئية – الجامعة الهاشمية / الأردن 2001 – 2004.

16. المختار، علاء داوود : دراسة التربة والتحريات الهديرولوجية لمشروع شرق البصرة الر / بغداد 1992.

المحتويات

الاستاذ الدكتور علاء داود المختار

ص.ب 962496 الرمز البريدي 11196

عمان / الأردن

almukhtaralaa@yahoo.com

- خريج قسم التربية – كلية الزراعة – جامعة بغداد عام 1971 (بكالوريس علوم التربية).

- عمل كمهندس زراعي منذ تخرجه في مجال دراسات التربة والمياه للعديد من المشاريع الزراعية والأروائية في الواق.

- حاصل على شهادة الماجستير بعلوم التربة ودراساتها باستعمال المعلومات الحقلية ودراسات التربة تحت المجهر والاستشعار عن بعد (استعمال صور الأقمار الصناعية) من جامعة كنت الرسمية / بلجيكا عام 1982.

- حاصل على شهادة الدكتوراه بعلوم التربة والجغرافيا الطبيعية (أصل نشوء وتكوين التربة) من قسم الجغرافيا الإقليمية والطبيعية – كلية العلوم / جامعة كنت الرسمية / بلجيكا عام 1987.

- عمل بوظيفة خبير في التربة ورئيس قسم تحريات التربة وتصنيف الأراضي واستعمالاتها في مركز بحوث التربة والمياه التابع لوزارة الري العراقية.

- قام بتدريس العديد من المقررات على مستوى البكالوريس والماجستير والدكتوراه كأستاذ محاضر من جامعة بغداد – كلية الزراعة / قسم التربة والجامعة المستنصرية – كلية المعلمين / قسم الجغرافيا – العراق.

- شارك بالإشراف على عدد من طلبة الدراسات العليا وشارك في اللجان الإمتحانية لمناقشة طلبة الماجستير والدكتوراه – العراق.

- عين كأستاذ مساعد ومشارك ورئيس قسم الجغرافيا في جامعة المرقب (ناصر سابقاً) / الجامعة الهاشمية في الأردن – وبعدها كمحاضر خارجي في نفس الكلية.

- درس كأستاذ مشارك (زائر) في قسم الجغرافيا – كلية التربية في حجة / جامعة صفاء – اليمن.

- قام بنشر العديد من البحوث في مجالات موفولوجيا وميكروموفولوجيا الترب والاستشعار عن بعد والخرائط والجغرافيا الطبيعية.

- شارك في العديد من المؤتمرات والحلقات الدراسية داخل العراق وخارجه.

- تقييم أعمال المشاريع الجديدة ووضع المواصفات الفنية والاقتصادية لها في العراق وبعض أقطار الوطن العربي.

- الإشراف على تحليل المعلومات ونتائج التحاليل الكيماوية والفيزيائية المختبرية للتربة والمياه.

- عضو لجنة نقل التكنولوجيا الحديثة إلى العراق وعضو جمعية علوم التربة العراقية وعضو جمعية الموارد المائية العراقية وعضو لجنة التربة في نقابة المهندسين الزراعيين العراقية وعضو مجلة البيولوجيا في بلجيكا.

Printed in the United States
By Bookmasters